この本の特色としくみ

　本書は，中学1年で学ぶ理科の内容を3段階のレベルに分けた，ハイレベルな問題集です。

　各単元は，StepA（標準問題）とStepB（応用問題）の順になっていて，章末にはStepC（難関レベル問題）があります。また，巻末には中学1年の内容をまとめた「総合実力テスト」を設けているため，総合的な実力を確かめることができます。

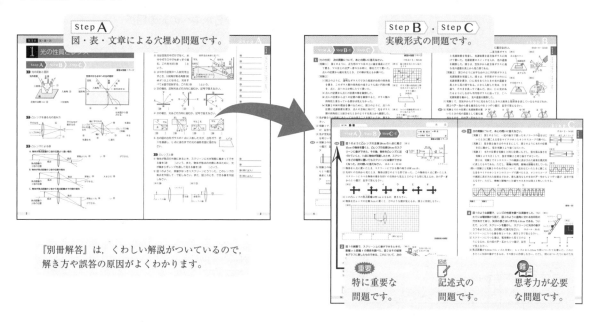

Step A
図・表・文章による穴埋め問題です。

Step B ・ Step C
実戦形式の問題です。

『別冊解答』は，くわしい解説がついているので，解き方や誤答の原因がよくわかります。

重要
特に重要な問題です。

記述
記述式の問題です。

難
思考力が必要な問題です。

CONTENTS 目次

本書に関する最新情報は，小社ホームページにある本書の「サポート情報」をご覧ください。（開設していない場合もございます。）
なお，この本の内容についての責任は小社にあり，内容に関するご質問は直接小社におよせください。

月　　日

1 光の性質とレンズ

Step A ＞ Step B ＞ Step C

解答▶別冊 1 ページ

1 光の反射と屈折

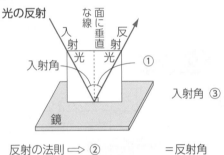

光の反射

入射角 ③

反射の法則 ⟹ ② ＝反射角

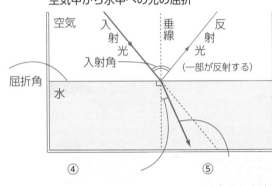

空気中から水中への光の屈折

⑤ は水面から遠ざかる

2 凸レンズを通る光の進み方

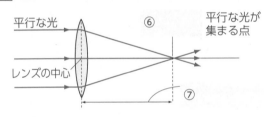

平行な光が集まる点

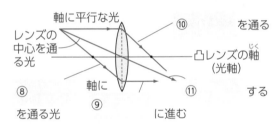

⑧ を通る光 ⑨ 軸に進む ⑪ する

3 凸レンズによる像

A. 物体が焦点距離の2倍の位置より遠い場合

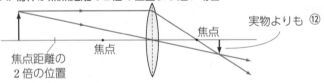

実物よりも ⑫　　　い ⑬　　　ができる。

B. 物体が焦点距離の2倍の位置の場合

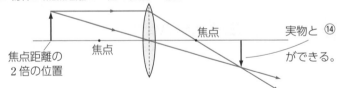

実物と ⑭　　　大きさの ⑮　　　ができる。

C. 物体が焦点距離の2倍から焦点距離までの間の場合

実物よりも ⑯　　　い ⑰　　　ができる。

▶次の[　]にあてはまる語句や記号を入れ，作図もしなさい。

4 光の反射と屈折

① 光は空気の中だけでなく，水中やガラス中でもまっすぐ進む。これを光の[⑱　　]という。

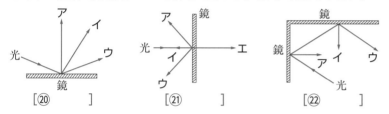

屈折光は水面に近づく
空気
反射光
屈折角
屈折光
垂線
直進
入射角
全反射
48.8°
入射光
水
入射角が大きくなると全反射が起こる
光源

② 水中から空気中へ入射光を出すとき，入射角がある角度（約48.8°）以上になると，光はすべて水面で反射する。これを[⑲　　]という。

③ 次の場合，反射光はどの方向に進むか。記号で答えなさい。

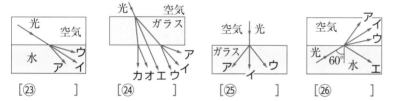

[⑳　　]　　[㉑　　]　　[㉒　　]

④ 次の場合，光はどの方向に進むか。記号で答えなさい。

[㉓　　]　　[㉔　　]　　[㉕　　]　　[㉖　　]

⑤ 右の図の台形ガラスのP点に入射した光が，台形ガラスを通過し，Q点に進むまでの光の道筋を図に描きなさい。

㉗　P　光

˙Q

5 凸レンズと像

① 物体が焦点の外側にあるとき，スクリーンに光が実際に集まってできる像を[㉘　　]という。また，物体が焦点の内側にあるために，光が集まらずレンズを通して見える像を[㉙　　]という。

② 図1のように，実像がはっきりスクリーンにうつった。このレンズの焦点を作図して・で記しなさい。また，図2のとき，できる像を作図しなさい。

〔図1〕㉚

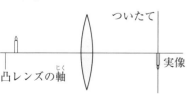

ついたて
実像
凸レンズの軸

〔図2〕㉛

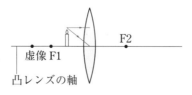

F2
虚像 F1
凸レンズの軸

⑱ ＿＿＿＿
⑲ ＿＿＿＿
⑳ ＿＿＿＿
㉑ ＿＿＿＿
㉒ ＿＿＿＿
㉓ ＿＿＿＿
㉔ ＿＿＿＿
㉕ ＿＿＿＿
㉖ ＿＿＿＿
㉗（図に記入）＿＿＿＿

㉘ ＿＿＿＿
㉙ ＿＿＿＿
㉚（図に記入）＿＿＿＿
㉛（図に記入）＿＿＿＿

Step A 〉 Step B-① 〉 Step C

1 ［光の性質］　次の実験について，あとの問いに答えなさい。

（10点×5 － 50点）

〔実験1〕　図1のように，正方形のマス目の上に鏡を垂直にたて
て置き，マス目上の点**ア〜オ**の5か所に，棒をたてて置いた。
点Aの位置から鏡を見たとき，どの棒が見えるか調べた。

〔実験2〕

(ⅰ) 図2のように，透明なガラスでできた底面が台形の四角柱
を置き，このガラス製の四角柱の高さよりも高い円柱の棒
を，点X，点Yの2か所にたてて置いた。

(ⅱ) 点Aの位置から点Xの位置の棒を観察した。

(ⅲ) 点Aの位置から点Yの位置の棒を観察すると，ガラス製の
四角柱と重なっている部分は見えなかった。

(ⅳ) 実験2の(ⅲ)の理由を調べるために，図3のように，点Yの
位置に光源装置を置き，点Aの方向に向けて，光をガラス
製の四角柱に入射させたときのようすを真上から観察した。

(1) 光が鏡などの表面にあたってはね返ることを何というか，書きな
さい。

(2) 実験1で，鏡にうつって見える棒を，図1の**ア〜オ**からすべて選
び，記号で答えなさい。

(3) 光が空気からガラスなど異なる物質どうしの境界へ進むとき，境界面で光の道筋が曲がること
を何というか，書きなさい。

〔図1〕　鏡と棒を真上から見た
ようす

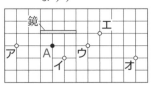

〔図2〕　ガラス製の四角柱と棒
を真上から見たようす

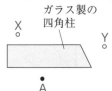

〔図3〕　(ⅳ)の実験装置を真上
から見たようす

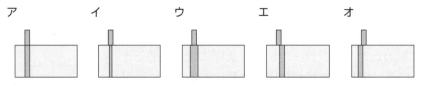

重要 (4) 実験2の(ⅱ)で，観察された棒の見え方を表した図として最も適切なものを，次の**ア〜オ**から1
つ選び，記号で答えなさい。

ア　　　　　イ　　　　　ウ　　　　　エ　　　　　オ

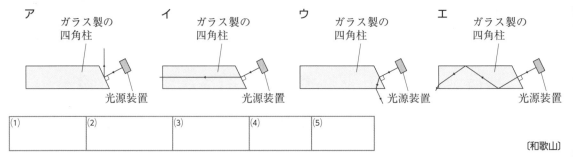

(5) 実験2の(ⅳ)で，光源装置から出た光の道筋を表した図として最も適切なものを，次の**ア〜エ**か
ら1つ選び，記号で答えなさい。ただし，光源装置から出た光は，ガラス製の四角柱の側面に
垂直に入射するものとする。

ア　　　　　　　　　イ　　　　　　　　　ウ　　　　　　　　　エ

| ガラス製の | ガラス製の | ガラス製の | ガラス製の |
| 四角柱 | 四角柱 | 四角柱 | 四角柱 |

光源装置　　　　　光源装置　　　　　光源装置　　　　　光源装置

(1)	(2)	(3)	(4)	(5)

〔和歌山〕

2 [光の道筋] 次の実験について、あとの問いに答えなさい。 （8点×4－32点）

〔実験1〕 図1のように、水平な台の上に直方体ガラスと光源装置を用意し、光源装置を直方体ガラスに向けて置いた。光源装置のスイッチを入れ、光の道筋を観察した。図2は、空気中から直方体ガラスに進む光の道筋を真上から見た図である。

〔図1〕
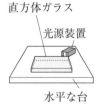
直方体ガラス
光源装置
水平な台

〔図2〕

〔実験2〕 図3のように水平な台の上に半円形ガラスと光源装置を用意した。図4は、半円形ガラスのAに光源装置を置き、Dに光をあてたときの光の道筋を真上から見た図である。Aから入射した光は、Dを通り、そのまま真っすぐ進んだ。次に、Dに光があたるようにしながら半円形ガラスに沿ってB、Cへ光源装置を動かし、光の道筋を観察した。

〔図3〕

半円形ガラス

〔図4〕
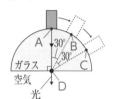

(1) 実験1で、空気中からガラスに光をあてたときの入射角と屈折角を表しているものはどれか。図2の**ア〜カ**から最も適当なものを1つずつ選び、記号で答えなさい。

重要 (2) 実験2でBの位置に光源装置を置いたときの光の道筋として最も適当なものを、右の**ア〜エ**から1つ選び、記号で答えなさい。

ア 　イ 　ウ 　エ

(3) 実験2で半円形ガラスに沿ってBからCへ光源装置を動かすと、あるところからは屈折する光がなくなり、反射する光だけになった。この現象を何というか、書きなさい。

(1)	入射角	屈折角	(2)	(3)

〔千 葉〕

3 [光の屈折] 宏美さんと外灯と建物が図1の位置関係にあるとき、外灯が建物のガラスの壁の点線A上にうつって見えた。図2は、図1を真上から表したものであり、マス目は1目盛りが1mである。これについて、あとの問いに答えなさい。 （9点×2－18点）

〔図1〕
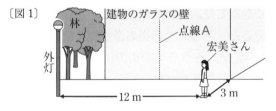
建物のガラスの壁
点線A
宏美さん
林
外灯
12 m　3 m

〔図2〕
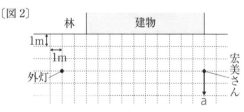
林　建物
1m
1m
外灯
宏美さん
a

(1) 宏美さんが、ガラスの壁にうつった外灯を見ているとき、外灯から宏美さんに届くまでの光の道筋を、図2に描き入れなさい。

難 (2) 宏美さんは図2のaの向きに真っすぐ移動し、ガラスの壁にうつった外灯がほぼ見えなくなった位置でとまった。そのときの移動距離として適切なものを、次の**ア〜エ**から1つ選び、記号で答えなさい。

ア 約9m　**イ** 約12m　**ウ** 約15m　**エ** 約18m

(1)	(2)
（図に記入）	

〔宮 崎〕

●時　間 40分	●得　点
●合格点 70点	点

解答▶別冊1ページ

重要 1 [光の反射と屈折] 光が半円形レンズで反射や屈折するようすを調べた。図1のPの位置から光を入射させると，①，②の2つの光の道筋が観察された。次の問いに答えなさい。　　　(8点×4－32点)

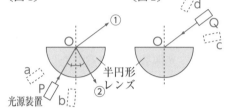

〔図1〕　　　　　　　　　　　〔図2〕

光源装置　半円形レンズ

(1) 図2のQの位置から光を入射させた場合も，2つの光の道筋が観察された。図1にならって2つの光の道筋を図3に描き入れなさい。

(2) 光源装置を動かし，図1，図2のa～dの位置から，点Oに向かって真っすぐ光を入射させた。このとき，全反射が観察されるのはどの位置から光を入射させたときですか。

〔図3〕

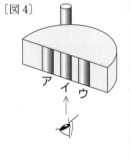

(3) 次の**ア～オ**から，光の屈折に関連が深いものを2つ選びなさい。

　ア 光ファイバーを用いた光通信では，一度にたくさんの情報をやりとりすることができる。

　イ 水中にものさしを入れると，実際の長さより短く見える。

　ウ 夜，明るい部屋から窓ガラスごしに外を見ると，自分の顔がはっきりとうつって見える。

　エ ブラインドのすきまからさしこむ日光は，平行にまっすぐ進む。

　オ ルーペを使うと，小さな物体を拡大して観察することができる。

〔図4〕

ア　イ　ウ

(4) 図4のように，半円形レンズの向こう側にチョークをたてて，斜めの方向から見た。半円形レンズを通して見える部分はどの位置か。図4の**ア～ウ**から1つ選びなさい。

(1) (図に記入)	(2)	(3)	(4)

〔鹿児島－改〕

2 [鏡にうつる像] 図1のように，水平な机の上に2枚の長方形の鏡A，Bを90度の角度に合わせて垂直に置き，それらの鏡の前にろうそくをたてた。春香さん，真理さんがそれぞれ，目の高さをろうそくの炎の高さに合わせて鏡を見ると，ろうそくの炎の像が見えた。図2は，春香さん，真理さんの目の位置をそれぞれ点H，点M，ろうそくの炎の位置を点Pとして，真上から見たそれらの位置を表している。あとの問いに答えなさい。　　　(8点×2－16点)

〔図1〕　　　　　　　〔図2〕　　　　　　　〔図3〕

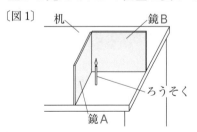
机　鏡B　ろうそく　鏡A

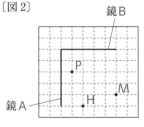
鏡B　鏡A　P　H　M

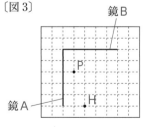
鏡B　鏡A　P　H

(1) 図2で，点Pから出た光が，鏡Aだけで反射して，点Hに届くときの光の進む道筋を，図3に描き入れなさい。

(2) 真理さんは，鏡Aと鏡Bにうつるろうそくの炎の像を全部でいくつ見ることができましたか。

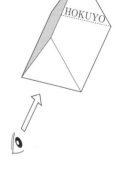

---

(1)	(2)
（図に記入）	

〔奈 良〕

3 [光の道筋]　次の問いに答えなさい。　　　　　　　　　　（8点×2－16点）

(1) 図1のように，2枚の鏡Aと鏡Bを水平な机の上に垂直にたて90°に
組み合わせたあと，鏡Aとの間の角度が30°になるように水平な光を
鏡Aにあてた。次の文中の(X)，(Y)にあてはまる組み合わせとして
適するものを，あとの**ア～エ**から1つ選び，記号で答えなさい。

〔図1〕

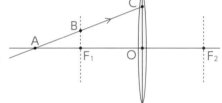

　　光は鏡Aで反射して鏡Bへ進み，鏡Bにおいて反射角(X)で反射す
る。鏡Aにあてた光の道筋と鏡Bで反射した光の道筋は(Y)。

ア　X─30°　Y─平行でない　　　**イ**　X─60°　Y─平行でない
ウ　X─30°　Y─平行である　　　**エ**　X─60°　Y─平行である

(2) 凸レンズに，図2のように直線ABCに沿って光が入
射した。レンズを通過したあとの光線と平行な線はど
れか。**ア～オ**から1つ選び，記号で答えなさい。ただ
し，F₁，F₂はレンズの焦点，Oはレンズの中心である。

F_1, F_2, F_2

〔図2〕

ア　直線AO　　**イ**　直線F₁C　　**ウ**　直線BO
エ　直線BF₂　　**オ**　直線CF₂

(1)	(2)

4 [万華鏡]　3枚の細長い鏡を正三角形になるように組み合わせ，図1の
ような万華鏡を作成した。鏡の外側からは，光が入らないように黒い紙
を貼り，底には内側から「HOKUYO」の字を書いたトレーシングペーパ
ーを貼りつけた。次の問いに答えなさい。　　　　　　　（9点×4－36点）

〔図1〕

(1) 万華鏡をのぞくと，図2の(a)，(b)の正三角形は，どのように見える
か。最も適当なものを次の**ア～ウ**からそれぞれ1つずつ選び，記号で答
えなさい。

〔図2〕

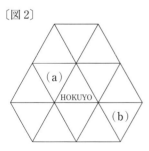

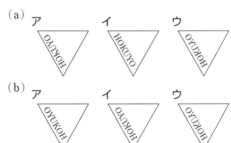

(2)(a)，(b)にうつる像は，鏡で何回反射したものか，それぞれ答えなさい。

(1)	(a)	(b)	(2)	(a)	(b)

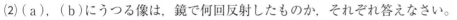

〔関西大学北陽高〕

2 音の性質

Step A ▶ Step B ▶ Step C

解答▶別冊2ページ

1 音の大きさ

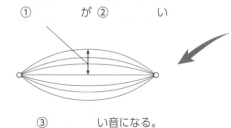

① 　　が ② 　　い

③ 　　　い音になる。

〈 弦を強くはじく 〉

弦のはじき方を変える。

④ 　　が ⑤ 　　い

⑥ 　　　い音になる。

〈 弦を弱くはじく 〉

2 音の高さ

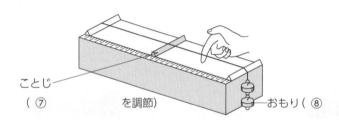

ことじ
（ ⑦ 　　　　　を調節）

おもり（ ⑧ 　　　　を調節）

	弦の長さ	弦の張り方	弦の太さ
高い音	⑨	⑩	⑪
低い音	⑫	弱い	⑬

3 オシロスコープによる音の波形

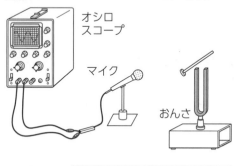

オシロスコープ

マイク

おんさ

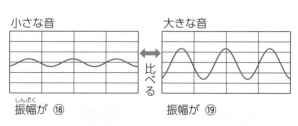

小さな音

大きな音

比べる

振幅が ⑱

振幅が ⑲

〈 オシロスコープによる音の大小 〉

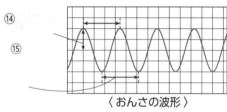

⑭

⑮

〈 おんさの波形 〉

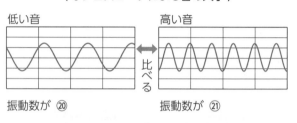

低い音

高い音

比べる

振動数が ⑳

振動数が ㉑

〈 オシロスコープによる音の高低 〉

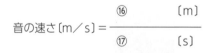

音の速さ〔m／s〕＝ $\dfrac{⑯ \quad 〔m〕}{⑰ \quad 〔s〕}$

㉒ 　　　〔Hz〕（1秒間に振動する回数）＝ $\dfrac{1}{⑳③ \quad 〔s〕}$

▶次の［　　］にあてはまる語句や数値，記号を入れなさい。

4 音の高さと大きさ

① おんさのように音を発生させる物体を［㉔　　　］という。

② 弦を振動させるとき，最も大きく振動する幅を［㉕　　　］という。この ［㉕］が大きいほど，音は［㉖　　　］なる。

③ ものが1秒間に振動する回数を［㉗　　　］という。この単位は［㉘　　　］ であり，Hz と書く。一般に，［㉗］が多いほど，音は［㉙　　　］なる。

④ 下の図の**ア**～**エ**は，弦を指ではじいたときの糸のふれるようすを表し たものである。この中で，いちばん大きい音が出るのは［㉚　　　］で， いちばん小さい音が出るのは，［㉛　　　］である。

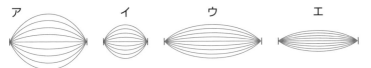

ア　　　　　イ　　　　　ウ　　　　　エ

5 音の伝わり方

① 空気中を伝わる音の速さは，毎秒およそ［㉜　　　］m である。

② 音は空気中を伝わるが，［㉝　　　］中では伝わらない。これは，音を伝 える物質がないからである。

　また，音は，水などの［㉞　　　］や金属や木などの［㉟　　　］の中も伝 わることができる。

③ 固体，液体，気体の中で音が伝わる速さは［㊱　　　］が最もはやく，最 もおそいのは［㊲　　　］である。

④ おんさをたたいて水面にふれさせたときの波のでき方は下の図の**ア**～ **エ**のうちの［㊳　　　］である。

ア　　　　　イ　　　　　ウ　　　　　エ

⑤ 下の図のようにして反射する音を聞いたとき，最もよく聞こえるのは ［㊴　　　］であり，最も聞こえにくいのは［㊵　　　］である。

ア　鏡　　イ　ボール紙　ウ　タオル　エ　ボール紙　オ　タオル

カ　鏡　　キ　タオル　ク　鏡　　ケ　ボール紙

㉔

㉕

㉖

㉗

㉘

㉙

㉚

㉛

㉜

㉝

㉞

㉟

㊱

㊲

㊳

㊴

㊵

1 [音の伝わり方]　右の図のように，たかしさんとちえみさんは校舎横にある校庭で太鼓をたたいて，音の速さを調べた。このとき，太鼓を 1 回たたくと音が 2 回聞こえた。1 回目の音は直接太鼓から聞こえ，2 回目の音は太鼓から出た音が校舎に反射してもどってきた音が少しおくれて聞こえた。これについて，次の問いに答えなさい。

校舎

ちえみさん

太鼓

たかしさん

(10 点× 2 － 20 点)

(1) 音は空気を振動させてまわりへ伝える。音の伝わり方の説明として最も適切なものを次の**ア**〜**エ**から 1 つ選び，記号で答えなさい。

　ア　音は水中でも真空中でも伝わる。

　イ　音は水中では伝わらないが，真空中では伝わる。

　ウ　音は水中では伝わるが，真空中では伝わらない。

　エ　音は水中でも真空中でも伝わらない。

(2) 太鼓から校舎までの距離が 69 m，太鼓をたたいてから 2 回目の音が聞こえるまでの時間が 0.4 秒のとき，音の伝わる速さは何 m/s になるか求めなさい。

(1)	(2)

〔鳥取－改〕

重要 2 [モノコードの振動と音]　次の実験について，あとの問いに答えなさい。　(12 点× 4 － 48 点)

〔実験〕

　(ⅰ) 図 1 のように，弦の一端をモノコードの右端に結びつけ，もう一端におもりをつけて弦を張った。

　(ⅱ) モノコードの中央に木片を入れ，木片の右側の弦を指ではじいた。

　(ⅲ) 弦から出た音を，マイクロホンを使ってコンピュータに入力したところ，図 2 のように表示された。

〔図 1〕

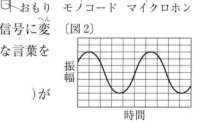

コンピュータ

弦　木片　　左方向 右方向

左側　　　　右側

おもり　モノコード　マイクロホン

(1) 次の文は，弦を指ではじいてから，音がマイクロホンで電気信号に変換されるまでの流れを説明したものである。（　　　）に適切な言葉を書きなさい。

　弦の（①　　　）が（②　　　）に伝わり，（②　　　）の（①　　　）がマイクロホンで電気信号に変換される。

〔図 2〕

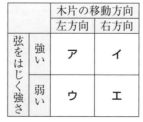

振幅

時間

(2) 木片の位置と弦をはじく強さを変えたところ，図 3 のように表示された。木片の移動方向，弦をはじく強さについて適切な組み合わせを，右の表の**ア**〜**エ**から 1 つ選び，記号で答えなさい。ただし，図 3 の目盛りは，図 2 と同じである。

		木片の移動方向	
		左方向	右方向
弦をはじく強さ	強い	**ア**	**イ**
	弱い	**ウ**	**エ**

〔図 3〕

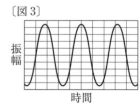

振幅

時間

Step B

第1章
第2章
第3章
第4章
総合実力テスト

(3) 木片をもとの位置にもどし，異なる4種類のおもりを順につけかえて弦をはじいたところ，次のア～エのようにコンピュータに表示された。おもりの質量が大きいものから順に記号で答えなさい。ただし，時間の1目盛りはア，イが0.005秒，ウ，エが0.002秒であり，振幅の目盛りはすべて同じである。

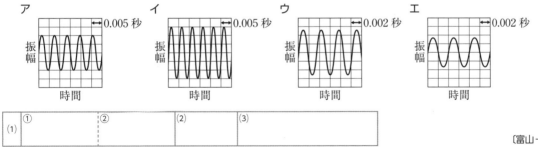

(1)	①	②	(2)	(3)

〔富山－改〕

---

3 ［おんさの振動と音］ おんさの先の部分に「虫ピン」をつけ，いろいろな実験をした。これについて，次の問いに答えなさい。 (8点×4－32点)

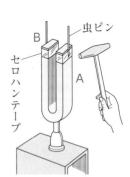

(1) 図のように，おんさのＡのほうをたたいたとき，Ｂのほうの「虫ピン」のふるえはどうなるか。記号で答えなさい。

　ア　ほとんどふるえない。

　イ　Ａのほうと比べて，ふるえる幅がごく小さい。

　ウ　Ａのほうと同じくらいの幅でふるえる。

　エ　Ａのほうよりふるえる幅が大きい。

(2) 同じおんさでも，ふるえる幅によって音が変わる。どのように変わるのか，記号で答えなさい。

　ア　音の高さが変わる。

　イ　音の大きさが変わる。

　ウ　音の高さと大きさの両方が変わる。

　エ　音の高さも大きさも変わらない。

(3) 同じおんさでも，針金を巻くなどして振動する回数を変えると音が変わる。どのように変わるのか，記号で答えなさい。

　ア　音の高さが変わる。

　イ　音の大きさが変わる。

　ウ　音の高さと大きさの両方が変わる。

　エ　音の高さも大きさも変わらない。

(4) この実験を真空中で行ったときの音はどうなるか。記号で答えなさい。

　ア　変わらない。

　イ　空気中より音が高くなる。

　ウ　空気中より音が大きくなる。

　エ　音が聞こえなくなる。

(1)	(2)	(3)	(4)

1 [音の大きさ] 次の実験について，あとの問いに答えなさい。 (9点×3 − 27点)

〔実験1〕 音が出ているおんさを水面に軽くふれさせると，激しく水しぶきが上がった。

〔実験2〕 図1のような密閉容器に，音の出ている電子ブザーを入れ，容器内の空気を抜いていくと，音が聞こえにくくなった。

〔図1〕

密閉容器
電子ブザー
スポンジ

(1) 次の文は，実験1，実験2の結果から考察したものである。文中の（　）にあてはまる文を書きなさい。

> 音が出ている物体は振動しており，実験2の結果から，空気が（　　）ことがわかる。

(2) 実験1で，おんさから発生した音をマイクでとりこみ，コンピュータの画面に表示したところ，図2のような波形が観察された。次の①，②の問いに答えなさい。ただし，図の横軸は時間，縦軸は振幅を表し，軸の1目盛りの値は，6つの図において，すべて等しいとする。

〔図2〕　〔図3〕
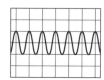

① 実験1で用いたおんさを，実験1よりも強くたたいたときに観察される波形として適切なものを，次のア〜エから1つ選び，記号で答えなさい。

ア　　　　　イ　　　　　ウ　　　　　エ
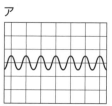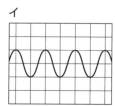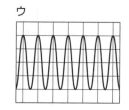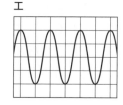

② 別のおんさをたたいたところ，図3のような波形が観察された。このおんさの振動数はいくらか，書きなさい。ただし，実験1で用いたおんさの振動数を 400 Hz とする。

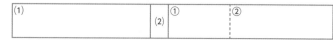
(1)		(2)	①	②

〔群 馬〕

2 [音の振動数] 次の実験について，あとの問いに答えなさい。 (10点×3 − 30点)

〔実験〕 振動数が異なるおんさ1とおんさ2の出す音のようすを，マイクを通じてコンピュータの画面に表示した。次の図1はおんさ1を，図2はおんさ2を，それぞれ鳴らしたときの音のようすをグラフで模式的に表したものである。ただし，図1と図2においては，横軸は時間を，縦軸は振幅を表しており，図1と図2とでは，横軸の1目盛りの表す時間と，縦軸の1目盛りの表す振幅は，それぞれ等しいものとする。

〔図1〕〈おんさ1〉　〔図2〕〈おんさ2〉
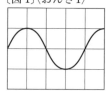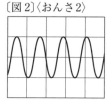

(1) 実験の結果をもとに，おんさ1とおんさ2のそれぞれが出す音の高さを比べたとき，その内容が正しいと考えられるものを次のア〜ウから1つ選び，記号で答えなさい。

ア　おんさ1のほうが高い。　イ　おんさ2のほうが高い。　ウ　どちらも同じ高さである。

(2) 実験において，おんさ1の振動数は200Hzであった。図1では4目盛りの間に1回振動し，図2では5目盛りの間に4回振動していることが読みとれる。

① 図1において，横軸の1目盛りの表す時間は何秒になるか，分数で書きなさい。

② おんさ2の振動数は何Hzであったと考えられるか，求めなさい。

(1)		(2)	①		②

〔大阪－改〕

3 [音の速さ]　図1のように，Yさんの乗った船が岸壁から遠く離れた位置で，岸壁に船首を向けて静止している。次の問いに答えなさい。　　　　　　（9点×3－27点）

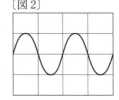

〔図1〕
Yさんの乗った船
岸壁

(1) 船が岸壁に向かって汽笛を鳴らした音を，Yさんがマイクロホンで拾い，コンピュータの画面上に音の波形を表示させた。図2は，このときの音の波形を表したものである。次の**ア〜エ**の中から，図2の波形が表している音より，大きい音を表している波形と高い音を表している波形として，最も適切なものを1つずつ選び，記号で答えなさい。

〔図2〕

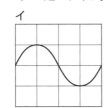
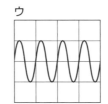
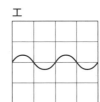

ア　　　　　　イ　　　　　　ウ　　　　　　エ

(注) 横軸は時間，縦軸は振幅を表し，軸の1目盛りの値は，図2も含めた5つの図において，すべて等しい。

(2) Yさんの乗った船が10m/sの速さで岸壁に向かって進みながら，汽笛を鳴らした。この汽笛の音は岸壁ではね返り，汽笛を鳴らし始めてから5秒後に船に届いた。音の速さを340m/sとすると，船が汽笛を鳴らし始めたときの船と岸壁との距離は何mになるか，計算して求めなさい。ただし，汽笛を鳴らし始めてから船に汽笛の音が届くまで，船は一定の速さで進んでおり，音の速さは変わらないものとする。

(1)	大きい音	高い音	(2)

〔静岡－改〕

4 [音の速さと光]　美保さんは，打ち上げ花火のようすをビデオカメラで撮影し，光と音の関係について調べた。次の問いに答えなさい。　　　　　　（8点×2－16点）

(1) 上空で花火の光が見えた数秒後に，花火の音が聞こえた。花火の光が見えてから音が聞こえるまでに少し時間がかかる理由を，「光」と「音」という言葉を用いて，簡潔に説明しなさい。

(2) ビデオカメラで撮影したものを再生したところ，花火が広がり始めるときの光が見えてから，その音が聞こえるまでの時間は約4秒であった。ビデオカメラで撮影した地点から花火までの距離として最も適切なものを，次の**ア〜エ**から1つ選び，記号で答えなさい。ただし，空気を伝わる音の速さは約340m/sとする。

ア　約85m　　**イ**　約340m　　**ウ**　約1400m　　**エ**　約2700m

(1)		(2)	

〔岐　阜〕

Step A　Step B　Step C-①

●時 間 40分　●得 点
●合格点 75点　　　　点

解答▶別冊 3 ページ

重要 **1** 図 1 のように凸（とつ）レンズの左側 20cm の A 点に高さ 15cm の物体を置くと，凸レンズの右側 20cm のスクリーンに像ができた。その後，物体を凸レンズに近づけていくと，B 点に物体が到着したとき，スクリーンをどの場所に置いてもスクリーンには像ができなくなった。次の問いに答えなさい。　（8 点×4 － 32 点）

〔図 1〕

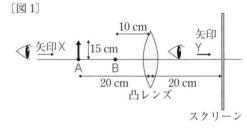

(1) 物体を A 点に置いたとき，スクリーンにできる像の高さは何 cm か。

(2) 矢印 X の方向から見たとき，物体は図 2 のような形であった。この物体を A 点に置いたとき，スクリーンにうつる物体の像を矢印 Y の方向から見るとどのような形に見えるか。次の**ア～オ**から 1 つ選び，記号で答えなさい。

〔図 2〕　　　ア　　　　イ　　　　ウ　　　　エ　　　　オ

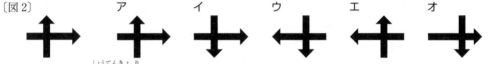

(3) この凸レンズの焦点距離（しょうてんきょり）は何 cm になるか，書きなさい。

(4) 物体を凸レンズの左側 5cm に置くと，どのような像が見えるか。図 3 に作図しなさい。

〔図 3〕

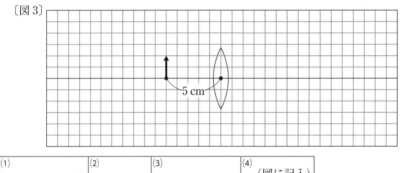

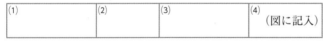

(1)	(2)	(3)	(4) (図に記入)

〔京都教育大附高〕

2 図 1 の装置で，スクリーン上に像ができるときの，距離 a と距離 b の関係を調べた。図 2 はその結果をグラフに表したものである。これについて，次の問いに答えなさい。　（6 点×3 － 18 点）

〔図 1〕 電球　矢印の形の穴をあけた板　凸レンズ　スクリーン　光学台

(1) 距離 a を 40cm にすると，距離 b は何 cm になりますか。

(2) この凸レンズの焦点距離は何 cm になりますか。

(3) 距離 a が次の**ア～ウ**のとき，できる像の大きさが最も大きくなるのはどれか。記号で答えなさい。

　ア　$a = 30$cm　　**イ**　$a = 50$cm　　**ウ**　$a = 70$cm

(1)	(2)	(3)

〔図 2〕

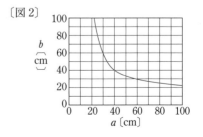

Step C

第1章
第2章
第3章
第4章
総合実力テスト

3 次の実験について，あとの問いに答えなさい。 (7点×2 - 14点)

〔実験1〕 図1のように，一定の強さで張ったモノコードの弦をはじいたときに聞こえる音をマイクロホンとオシロスコープで調べた。

〔実験2〕 弦を張る強さはそのままにして，図2のように木片の位置を右に動かし，弦を実験1より強くはじいた。

〔実験3〕 木片の位置を実験1と同じ位置にもどし，弦を張る強さを実験1より大きくして，弦を実験2と同じ強さではじいた。

図3は，実験1でオシロスコープの画面に表示された結果を模式的に表したものである。ただし，横軸は時間，縦軸は振幅を表している。

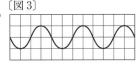
〔図1〕 木片 モノコード 弦

〔図2〕

〔図3〕

(問い)実験2と実験3のそれぞれについて，弦をはじいたときに聞こえる音をマイクロホンとオシロスコープで調べたとき，オシロスコープの画面に表示された結果はどれか。最も適当なものを次のア〜ウから1つずつ選び，記号で答えなさい。ただし，横軸と縦軸の1目盛りの大きさは図3と等しいとする。

ア   イ   ウ

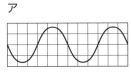 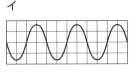 

実験2	実験3

〔愛知－改〕

4 図1のような装置で，レンズの性質を調べる実験をした。ついたてには電球側から見て，図2のように直角に交わる矢印形の穴があけてあり，矢印の長さはいずれも4.0cmである。ついたて，レンズ，スクリーンを動かし，スクリーンに矢印の像がうつるようにした。次の問いに答えなさい。 (9点×4 - 36点)

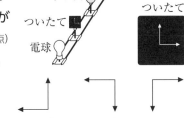
〔図1〕 スクリーン レンズ ついたて 電球 〔図2〕 ついたて

(1) スクリーンにうつる像を何というか，漢字2字で答えなさい。

(2) スクリーンにうつる像は，電球側から見てどのようになるか。右の図のア〜エから1つ選び，記号で答えなさい。

ア   イ   ウ   エ

(3) 焦点距離が8.0cmのレンズAを使い，レンズAから12cmの所についたてを置いた。このときどこに矢印の像ができるか。下の図3に作図しなさい。ただし，図にはついたてにあけた矢印の穴があらかじめ描いてある。また，作図に使用した補助線は，消さずに残しておきなさい。

(4) レンズAはそのままで，レンズAからスクリーン側に8.0cmの所に，焦点距離が16cmのレンズBを置いた(図4)。このときどこに矢印の像ができるか，レンズAからの距離で答えなさい。

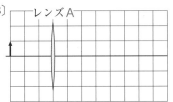
〔図3〕 レンズA

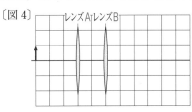
〔図4〕 レンズA レンズB

(1)	(2)	(3) (図に記入)	(4)

〔清風南海－改〕

3 力のはたらき

Step A 〉 Step B 〉 Step C 〉

1 いろいろな力

解答▶別冊4ページ

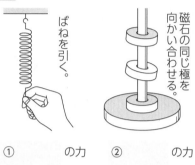
ばねを引く。

磁石の同じ極を向かい合わせる。

リンゴをはなす。

ブレーキをかける。

アクリルパイプ　互いに反発

① 　　　　　の力　　② 　　　　　の力　　③ 　　　　　④ 　　　　　の力　　⑤ 　　　　　の力

2 ばねの伸び，力の大きさ

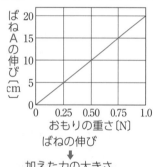

ばねAの伸び[cm]（縦軸 0〜20）
おもりの重さ[N]（横軸 0, 0.25, 0.50, 0.75, 1.0）

ばねの伸び
↓
加えた力の大きさ に ⑥
↓
⑦ 　　　　　の法則

直列つなぎ
ばねA
ばねA
1.0N

グラフのばねAを用いたとき，ばね全体の伸びは
⑧ 　　　　　cm

並列つなぎ　ばねA
1.0N

グラフのばねAを用いたとき，ばね1本あたりの伸びは ⑨ 　　　　cm

力の向き ⑩
力の大きさ ⑪

← 1cm →	力の向き……… 右向き 力の大きさ…… 1N

3 2つの力のつりあい

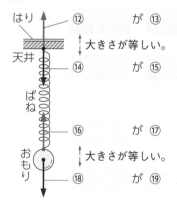
はり
天井
ばね
おもり

⑫ 　　　が ⑬ 　　　を引く力①
↕ 大きさが等しい。
⑭ 　　　が ⑮ 　　　を引く力Ⅱ

⑯ 　　　が ⑰ 　　　を引く力Ⅲ
↕ 大きさが等しい。
⑱ 　　　が ⑲ 　　　を引く力Ⅳ

〈2力のつりあいの条件〉
1つの物体に2つの力がはたらくとき，
・2力は ⑳ 　　　　　にある。
・2力の向きは，㉑ 　　　　　である。
・2力の大きさは，㉒ 　　　　　。

左図の①は，㉓ 　　　　　にはたらく力，Ⅱは ㉔ 　　　　　にはたらく力 ➡ つりあいの力ではない。

左図のⅢは，㉕ 　　　　　にはたらく力，Ⅳは ㉖ 　　　　　にはたらく力 ➡ つりあいの2力

▶次の[　]にあてはまる語句や数値を入れ，作図もしなさい。

4　いろいろな力とはたらき方

① 物体の形が変わったり，物体の[㉗　　]の状態が変わったり，物体を支えたりする場合，物体に力がはたらいていると考えられる。

② 物体と物体がこすれあうとき，運動を妨げる力がはたらく。この力を[㉘　　]という。

③ 輪ゴムを引き伸ばすと，もとの形にもどろうとする。この力を[㉙　　]という。

④ 長さ 10cm のばねに 10g のおもりをつるすと，ばねは 14cm になった。[㉚　　] g のおもりを加えると，さらに 2cm 伸びる。

⑤ 地球が物体を引く力を[㉛　　]という。この力は，地球上にある物体すべてにはたらいている。また，この力の向きは，[㉜　　]である。

⑥ 物体どうしが離れていてもはたらく力には，[㉝　　]の力，電気の力，重力がある。

5　力の表し方

① 1N（ニュートン）は，およそ[㉞　　] g の物体にはたらく地球の重力の大きさとほぼ同じである。

② 力を矢印で表すとき，矢印の長さは力の[㉟　　]を，矢印の向きは[㊱　　]を，矢印のかき始めの点は[㊲　　]を表す。

③ 1N の力の大きさを 0.1cm として，㊳，㊴の図の P 点に力を矢印で表し，㊵，㊶の図には作用点を・で示し，力を矢印で表しなさい。

㊳
上向き
10N の力　P

㊴
P
柱を水平におす
20N の力

㊵
電灯（1kg）
にはたらく
重力

㊶
コードが電
灯（1kg）を
引く力

6　重さと質量

① 月面上でも重力がはたらくが，その大きさは地球上の約[㊷　　]倍である。すなわち，同じ物体でもその重さは，月面上では地球上の約[㊷]になる。

② 物体の重さは，無重力状態では[㊸　　]になる。

③ 重さに対して，はかる場所によって変わることのない物体そのものの量を[㊹　　]という。

④ 質量 50g の物体にはたらく重力は約[㊺　　]である。

⑤ 月面上でばねばかりが 0.2N を示した物体の質量は約[㊻　　]である。

7　2力のつりあいのようす

① 1つの物体に2つの力がはたらいているのにその物体が[㊼　　]とき，その物体にはたらく2つの力はつりあっているという。

② 机の上に物体が静止しているとき，物体にはたらく[㊽　　]と等しい力で支えられている。

㉗
㉘
㉙
㉚
㉛
㉜
㉝

㉞
㉟
㊱
㊲
㊳～㊶（図に記入）

㊷
㊸
㊹
㊺
㊻

㊼
㊽

Step A　Step B-①　Step C

●時　間 45分　●得　点
●合格点 75点　　　　　点

解答▶別冊 4 ページ

1 ［いろいろな力］　図を見て，次の問いに答えなさい。

(3点×6 － 18点)

(1) 図1のように，A，Bの板を水面に浮かべ，その上に棒磁石を
置いたところ，板はそれぞれ矢印の方向に動いた。aは何極か。
書きなさい。

〔図1〕

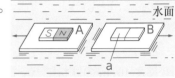

(2) A，Bの間にうすい紙を置いて(1)と同じ実験を行った。A，B
の板はどのような動きをするか。書きなさい。

(3) (1)で見られるような力を何というか。書きなさい。

(4) 図2のように，高い所からテニスボールを落とすと，ボールはb点で床
にあたり，再びはね上がった。この現象を説明した次の文章の(　)の中
に適切な語句を入れなさい。

〔図2〕

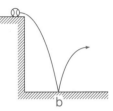

　ボールが落ちるのは(① 　　)がボールを引く力，すなわち(② 　　)が
はたらいているためである。b点にあたったボールは変形するが，再び
もとの形にもどろうとする。このとき(③ 　　)の力がはたらく。

(1)	(2)	(3)	(4)	①	②	③

2 ［力の表し方］　下の図の矢印は，指が台車を水平におしている力を表している。次の問いに答
えなさい。(3点×4 － 12点)

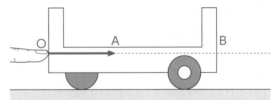

(1) 力がはたらいている点〇を何というか，答えなさい。

(2) 矢印〇Aを含む直線〇Bは何を表しているか，答えなさい。

(3) 矢印〇Aの長さは何を表しているか，答えなさい。

(4) 矢印〇Aと同じはたらきをする力を，直線〇B上で移動させることができるか，答えなさい。

(1)	(2)	(3)	(4)

3 ［重さと質量］　600gの物体を月面上で，ばねばかりと上皿てんびんではかった。次の問いに
答えなさい。ただし，100gの物体にはたらく重力を1Nとする。

(3点×5 － 15点)

(1) この物体の月面上での質量はいくらか。

(2) この物体を月面上でばねばかりを使ってはかると，ばねばかりの目盛りは何Nを示すか。

(3) この物体を月面上で上皿てんびんを使ってはかると，何gの分銅とつりあうか。

(4) この物体が月面上で受ける月の重力はいくらか。

(5) この物体の地球上での重さはいくらか。

(1)	(2)	(3)	(4)	(5)

4 [磁石の力]　右の図のように，中心に円い穴のあいた磁石A，B，Cを木製の棒に通すと，BとCが浮いた状態になった。このとき，磁石Aの上面はN極である。次の問いに答えなさい。

（4点×5－20点）

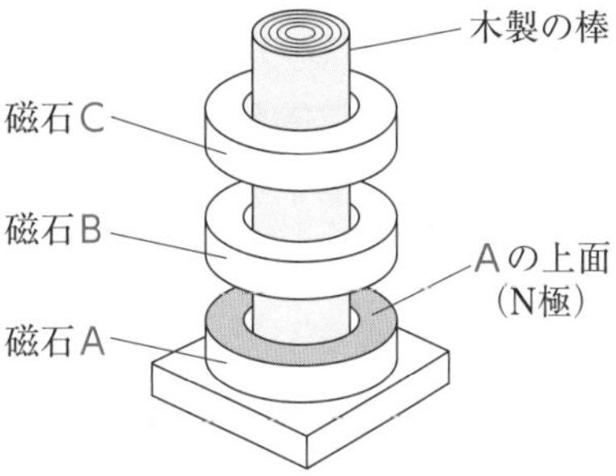

木製の棒
磁石C
磁石B
磁石A
Aの上面（N極）

(1) 磁石Bの上面と磁石Cの下面の極は同じ極か，それとも異なる極か，書きなさい。

(2) 磁石Cの上に同じ種類の磁石Dをのせ，磁石Cの上に浮かせるには，磁石Dの下面を何極にしたらよいか。

(3) 磁石の力のように，離れていてもはたらく力をほかに2つ書きなさい。

(4) この実験からわかることを，次のア〜エから1つ選び，記号で答えなさい。

　　ア　磁石の力は同じ極どうしの間では，互いに反発する力がはたらく。

　　イ　磁石の力は同じ極どうしの間では，互いに引き合う力がはたらく。

　　ウ　磁石の力は異なる極どうしの間では，互いに反発する力がはたらく。

　　エ　磁石の力は異なる極どうしの間では，互いに引き合う力がはたらく。

(1)	(2)	(3)		(4)

5 [ばねの伸びとおもりの質量]　長さ10cmのばねに，質量20gのおもりの個数を変えてつり下げ，ばねの伸びを測定した。右の表は，測定結果を表している。次の問いに答えなさい。ただし，質量100gの物体にはたらく重力を1Nとする。

おもりの個数〔個〕	1	2	3	4	5
おもりの質量〔g〕	20	40	60	80	100
ばねの長さ〔cm〕	12	14	16	18	20

〔図1〕

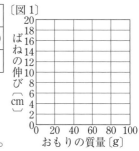

ばねの伸び〔cm〕
おもりの質量〔g〕

（5点×7－35点）

(1) 図1に，おもりの質量とばねの伸びの関係を表すグラフを描きなさい。

(2) おもりの質量とばねの伸びとの間には，どのような関係があるといえるか。

(3) おもりを6個つり下げたときのばねの長さは何cmになるか。

(4) 図2は，1個のおもりをつり下げ，ばねが静止している状態である。

　①　矢印のPは何の力を表しているか。その名称を答えなさい。

　②Pの力を生じさせているものは何か。

　③力Fは何から何にはたらいている力か。「（　　）から（　　）へ」のようにして答えなさい。また，力Fの大きさは何Nになるか。

〔図2〕

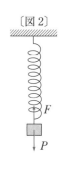

F
P

(1)（図に記入）	(2)	(3)			
(4)	①	②	③	から　　　へ	大きさ

〔長崎－改〕

Step A 〉 Step B-② 〉 Step C

●時 間 45分　●得 点
●合格点 75点　　　　点

解答▶別冊 5 ページ

1 [いろいろな力]　次のア～ウのような場合，物体に力がはたらいているという。これについて，次の問いに答えなさい。　　　　　　　　　　　　　　　　　　　　　　（4点×9－36点）

ア 物体の形を変える。　**イ** 物体を支える。　**ウ** 物体の運動のようすを変える。

(1) 次の①～⑥の下線部の物体にはたらいている力は，上のア～ウのどの場合の力にあたるか。それぞれ記号で答えなさい。

① じゅうたんの上でボールを転がしたら，途中でとまってしまう。

② ばねにおもりをつり下げたら，ばねが伸びる。

③ 重いかばんが棚の上に置いてある。

④ 強い風で木がしなっている。

⑤ 壁にあたってボールが，はじき返される。

⑥ 右の図でA，Bはドーナツ型の磁石で，磁石Aの上面と磁石Bの下面が同じN極で，磁石Bが浮いている。

(2) ①で，ボールとじゅうたんの間にはたらいている力を何といいますか。

(3) ②で，ばねがもとの長さにもどろうとする力を何といいますか。

(4) ③で，棚からかばんにはたらいている力以外に，かばんにはたらいている力は何ですか。

(1)	①	②	③	④	⑤	⑥	(2)
(3)		(4)					

2 [質量と重さ]　右の図のAの器具を使って，金属のかたまりをはかったところ，50 g と表示された分銅 1 つと 10 g と表示された分銅 3 つを置いたとき，左右の皿がつりあった。100 g にはたらく重力を 1 N として，次の問いに答えなさい。　　　　　　　　　　　　　（4点×7－28点）

(1) Aの測定器具の名称は何か。答えなさい。

(2) Aで測定したのは，金属のかたまりの質量，重さのいずれを測定したものか。また，その値はいくらか。単位をつけて答えなさい。

(3) Bの測定器具は，物体の何を測定しているか。答えなさい。

(4) 地球上で，Bの測定器具でこの金属のかたまりをはかると，いくらを示すか。単位をつけて答えなさい。

(5) このA，Bの測定器具および金属のかたまりを月面上にもっていき，再びそれぞれの測定器具で金属のかたまりをはかると，それぞれいくらを示すか。単位をつけて答えなさい。ただし，月面上での重力は地球上の $\frac{1}{6}$ とする。また，重力は，小数第 3 位を四捨五入して小数第 2 位まで求めなさい。

(1)		(2)	測定したもの	値	(3)		(4)	
(5)	A		B					

3 [力の大きさとばねの伸び] 図1のように，スタンドにつるまきばねとものさしをとりつけ，ばねの下端をものさしの0cmの位置に合わせた。次に，図2のように，ばねに分銅をつり下げ，ばねを引く力の大きさとばねの伸びの関係を調べたところ，表のような結果になった。次の問いに答えなさい。(4点×5－20点)

〔図1〕 つるまきばね スタンド ものさし

〔図2〕 ばねののび 分銅

力の大きさ〔N〕	0	0.1	0.2	0.3	0.4
ばねの伸び〔cm〕	0	0.7	1.4	2.1	2.8

(1) 力の大きさとばねの伸びの関係を表すグラフを図3に描きなさい。

(2) ばねを引く力の大きさが1.2Nのとき，ばねの伸びは何cmか答えなさい。ただし，ばねの弾性力は十分はたらいているとする。

(3) このつるまきばねを2つ直列につないだものに，分銅をつり下げた。2つのばねの伸びの和が2.8cmのとき，ばねを引く力は何Nか答えなさい。

(4) 次の文中の ① ， ② にあてはまる語を書きなさい。
　ばねにおもりをつるしたとき，その伸びは，ばねにはたらく力の大きさに ① するという関係がある。これを， ② の法則という。

〔図3〕

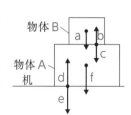

ばねの伸び〔cm〕 / 力の大きさ〔N〕

(1)	(2)	(3)	(4)	①	②
(図に記入)						

〔茨城－改〕

4 [力のつりあい] 右の図のように，水平な机の上に物体Aがあり，その上に物体Bがある状態で物体Aと物体Bは静止している。図のa～fの矢印が物体や机にはたらく力を表すとき，次の問いに答えなさい。ただし，同一直線上にはたらく力であっても，矢印が重ならないように示している。 (16点)

物体B a b c 物体A 机 d f e

(1) 物体Aにはたらく力を図のa～fからすべて選び，記号で答えなさい。(5点)

(2) 物体Bにはたらく力を図のa～fからすべて選び，記号で答えなさい。(5点)

(3) つりあいの関係にある2力の組み合わせとして，最も適切なものを次のア～ウから1つ選び，記号で答えなさい。(6点)
　ア　aとb　イ　aとc　ウ　bとc

(1)	(2)	(3)	

Step A 〉 Step B 〉 Step C-②

●時間 40分 ●得点
●合格点 75点 点

解答▶別冊5ページ

1 さまざまな力について調べるために，次の
実験1，2を行った。なお，2つの実験で使
う磁石は同じもので，磁石Aの質量は100g，
磁石Bの質量は50gである。この実験に関
して，次の問いに答えなさい。ただし，質量
100gの物体にはたらく重力の大きさは1N
とする。 （7点×6 - 42点）

〔実験1〕 図1のように，ばねにおもりをつり
下げ，おもりの質量とばねの伸びとの関係を
調べたところ，図2のようになった。

このばねの一端に磁石Aを，また，棒の一
端に磁石Bをとりつけ，水平に置かれた摩
擦のない板の上に置いた。図3のように磁石
Bを磁石Aに近づけていき，ばねの伸びが
0.5cmとなった所でとめた。

〔実験2〕 図4のように，はかりの皿に磁石A
をのせ，その上方にガラス管を用いて磁石B
を浮かせたところ，はかりは150gを示した。
ただし，ガラス管は，はかりの皿にふれない
ようにし，ガラス管と磁石の間には摩擦がな
いものとする。

〔図1〕

〔図2〕
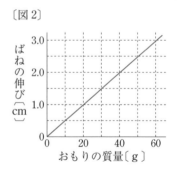

〔図3〕・〔図4〕・〔図5〕
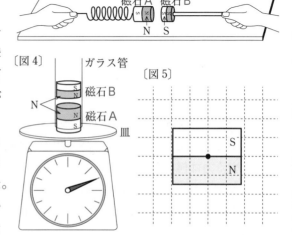

(1)実験1において，磁石をとめたとき，磁石Bが磁石Aを引く力の大きさは何Nですか。

(2)実験2において，磁石Bが磁石Aから受ける磁力を図5に矢印で描き入れなさい。ただし，磁
力の作用点は磁石の中心とし，図の方眼1目盛りの長さは0.5Nの力の大きさを表すものとする。

(3)実験2において，はかりの皿が磁石Aから受ける力は何Nですか。

(4)実験2において，磁石Aにはたらく力を次の**ア～オ**の中から3つ選び，記号で答えなさい。

ア 磁石Aにはたらく重力

イ 磁石Bにはたらく重力

ウ 磁石Aがはかりの皿をおす力

エ はかりの皿が磁石Aをおす力

オ 磁石Aが磁石Bから受ける磁力

(1)	(2)(図に記入)	(3)		(4)		

〔茨城－改〕

2 [ばねの伸びとおもりの質量]　長さがいずれも 10 cm のつるまきばね A，B とおもりを使って，おもりの質量とばねの伸びの関係を調べ，右の図 1 のグラフをつくった。ばね A，B の質量は考えず，また，質量 100 g にはたらく重力の大きさを 1 N として，次の問いに答えなさい。

(6点×5 − 30点)

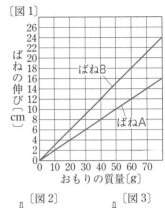
〔図1〕

(1) スタンドにばね A をつり下げ，指で下端をつまみ，静かに引っ張って，全体のばねの長さを 16 cm にした。このとき，手がばねを引く力の大きさは何 N ですか。

(2) ばね B を，(1)と同じように，手で 0.4 N の力で引いたとき，ばね B の長さは何 cm になりますか。

(3) 図 2 のように，ばね A と B を直列につなぎ，質量 40 g のおもりをつけて静止させたとき，ばね A と B の伸びの合計は何 cm になりますか。

(4) 図 3 のように，ばね A と B，質量 40 g のおもり 2 つをつけて静止させたとき，ばね A，B の長さはそれぞれ何 cm になりますか。

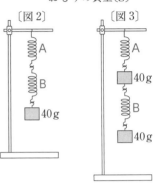

3 [ばねにはたらく力の大きさ]　長さ 10 cm のばねを用いて，実験を行った。質量 100 g にはたらく重力の大きさを 1 N として，次の問いに答えなさい。

(7点×4 − 28点)

おもりの質量〔g〕	10	20	30	40	50
ばねの長さ〔cm〕	12	13	14	15	16

(1) このばねの先端に皿をつるし，この皿にいろいろな質量のおもりをのせてばねの長さをはかると，右の表のような結果になった。このとき使用した皿の重さは何 N ですか。ただし，ばねの重さは考えないものとする。

〔図1〕　　　〔図2〕

(2) このばねの一端に糸 AB をつけ，図 1 のように，台の上に固定した板と滑車の間にばねを水平になるようにし，糸 AB の B 端に重さ 0.5N のおもりをつるした。このときのばねの長さは何 cm になりますか。ただし，糸は伸び縮みすることなく，また糸，ばねの重さおよび滑車の摩擦は考えないものとする。

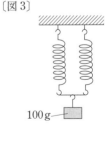
〔図3〕

(3) 図 2 は，このばねの両端に(2)と同じように糸をつけ，重さ 0.5N のおもりをそれぞれの糸の端につるした状態を表している。このとき，ばねの長さは何 cm になりますか。

(4) このばねと同じばねを 2 本使用して，図 3 のように並列につなぎ，質量 100 g のおもりをつるした。このとき，それぞれのばねの長さは何 cm になりますか。

4 身のまわりの物質

Step A ▶ Step B ▶ Step C

解答▶別冊6ページ

1 物質の区別とその方法

物質
- ① ＿＿ 熱すると焦げて炭（炭素）になり，さらに強く熱すると ② ＿＿ができる（砂糖，紙，ロウ，プラスチック，多くの食物など）。
- ③ ＿＿
  - 金 属 — 電気をよく通し，光沢がある。展性・延性に富む（鉄，銅，金など）。
  - 非金属 — 金属の性質をもたない物質（食塩，ガラスなど）。

手であおぎ
ながらにお
いを調べる。

質量や体積をはかって
④ ＿＿＿＿＿を調べる。

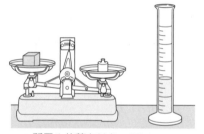

水に溶けるか
調べる。

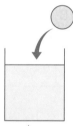

電気を通すか
調べる。

2 上皿てんびんの使い方

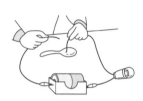

⑥

目盛り 皿

⑤

うで

〈上皿てんびん〉

⑦

⑧ ＿＿＿＿＿＿＿を
用いて，左のように
分銅を扱う。

⑨

⑩

0.00g　UNITS ZERO

〈電子てんびん〉

はかる前に目盛りを0.00g
にセットして使う。

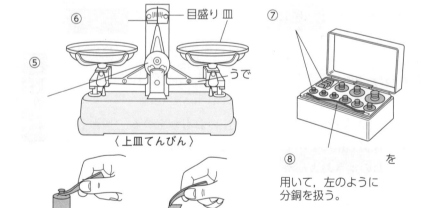

・上皿てんびんの使い方

1．うでに皿をのせ，⑪ ＿＿＿＿＿＿＿を回して，指針のふれが左右等しくなるようにする。

2．はかろうとする物質を一方の皿に，他方の皿に ⑫ ＿＿＿＿＿をのせる。

3．分銅はピンセットで扱い，質量の少し ⑬ ＿＿＿＿＿＿＿と思われるものからのせてみて，順次分銅をかえていっ
　てつりあわせる。

▶次の[　]にあてはまる語句や数値，記号を入れなさい。

3 物質の区別のしかた

① 有機物と無機物の区別

　　[⑭　]を含み，熱したとき炭ができ，さらに強く熱すると炎を出して燃え，[⑮　]と水ができる物質を[⑯　]という。

　　[⑯]以外の物質を[⑰　]といい，[⑰]はさらに金属と非金属に分けられる。一酸化炭素，二酸化炭素，炭酸カルシウムなどは，[⑭]を含むが例外として[⑰]に分類される。

② 金属と非金属の区別

　　金属は次のような共通した性質があるので，非金属と区別できる。

・みがくと光る。この光沢を[⑱　]という。

・たたくとうすくなって広がったり，長くのびたりする。

・電気を通しやすく，[⑲　]を伝えやすい。

注意　磁石に引きつけられるのは，[⑳　]などの一部の物質の性質なので，金属と非金属の区別に用いることはできない。

③ 密度による区別

　　物質 $1cm^3$ あたりの[㉑　]（密度）は物質によって固有の値をもっているので，これを用いて物質の種類を判定することができる。

4 密　度

① 物質[㉒　] cm^3 あたりの[㉓　]を，その物質の[㉔　]という。密度は次の式で求められ，その単位はふつう[㉕　]で表す。

$$密度＝\frac{物質の[㉓]〔g〕}{物質の[㉖]〔cm^3〕}$$

② 物質の体積が大きくなっても，密度の値は物質によって[㉗　]である。

③ 物質の状態が変化するとき，[㉘　]は変化しないが，体積が変化するので，[㉙　]も変化する。一般に，固体・液体・気体では，[㉚　]の密度がいちばん大きくなる。

④ 水の密度は，ふつう4℃で[㉛　] g/cm^3 である。

⑤ 水よりも密度の[㉜　]物質は水に浮く。氷は水に浮き，アルミニウムは水に[㉝　]。

〈表〉いろいろな物質の密度

	物質（20℃）	〔g/cm^3〕
固体	アルミニウム	2.70
	鉄	7.87
	氷（0℃）	0.92
液体	水（4℃）	[㉛]
	エタノール	0.79
	水銀	13.3
気体	酸素	0.0014
	二酸化炭素	0.0020
	水蒸気（100℃）	0.0006

⑭〜㉝（解答欄）

●時間 45分　●得点
●合格点 75点　　　　点

解答▶別冊6ページ

1 [物質の区別]　砂糖と食塩を区別するために，次の実験を行った。この実験について，あとの問いに答えなさい。

(6点×6－36点)

〔実験1〕　水に溶かして，その水溶液の電導性(電気を通す性質)を調べる。

〔実験2〕　少量を燃焼さじにとって，ガスバーナーの炎の中で加熱する。

〔実験3〕　水に溶かして，その水溶液を蒸発皿にとり，下からゆっくりと加熱して蒸発乾固させる。

(1) 次の文中の　①　と　②　にあてはまる語を書きなさい。

> 砂糖と食塩は，ともに　①　色の　②　体であり，外見では区別がつきにくい。

(2) 実験1で，水溶液が電気を通すのは，砂糖と食塩のどちらの物質か答えなさい。

記述 (3) 実験2で，砂糖と食塩を加熱すると，それぞれどのような変化をするか答えなさい。

(4) 実験3で，物質の結晶が得られるのは，砂糖と食塩のどちらの物質か答えなさい。

(1)	①	②	(2)	
(3)	砂糖			食塩
(4)				

2 [ガスバーナーの使い方]　右の図のようなガスバーナーについて，次の問いに答えなさい。

(6点×3－18点)

(1) 図のAの部分の名称を答えなさい。

(2) 図のBの部分の名称を答えなさい。

(3) 図のガスバーナーを使用するとき，正しい操作の順になるように，次のア～オを並べなさい。

ア　ガス調節ねじを回して，炎の大きさを調節する。

イ　元栓とコックをあける。

ウ　ガスマッチに火をつけ，ガス調節ねじをゆるめて，ガスに点火する。

エ　ガス調節ねじを動かさないようにして，空気調節ねじを回し，空気の量を調節して青色の炎にする。

オ　ガス調節ねじ，空気調節ねじが閉まっているか確認する。

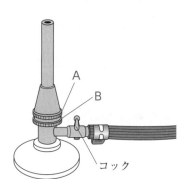

A

B

コック

(1)	(2)	(3)

〔鳥取－改〕

3 [物質の密度]　ビーカーにエタノールを入れ，エタノールの質量を電子てんびんで測定したところ，27.3 g であった。次に，体積を測定するために 100 mL のメスシリンダーに移した。この液面を真横から水平にみると，右の図のようであった。次の問いに答えなさい。

(5点×2－10点)

(1) 図の液面の目盛りを読みとりなさい。ただし，1 mL = 1 cm^3 とする。

(2) エタノールの密度は何 g/cm^3 ですか。小数第3位を四捨五入して，小数第2位まで求めなさい。

(1)	(2)

〔埼玉〕

4 [物体の体積と質量]　A～J の 10 個の物体の体積と質量をはかった結果をグラフに表すと，右の図のようになった。これについて，次の問いに答えなさい。

(6点×4－24点)

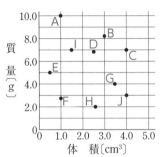

(1) A と同じ物質からできていると考えられるものを，右のグラフの中から1つ選び，記号で答えなさい。

(2) A と同じ物質が 50 g あるとき，体積はいくらになるか求めなさい。

(3) アルミニウム 54 g の体積が 20 cm^3 であった。右のグラフの中で，アルミニウムと思われるものをすべて選び，記号で答えなさい。

(4) 右のグラフの中で水に浮くものをすべて選び，記号で答えなさい。

(1)	(2)	(3)	(4)

5 [物質の体積と密度]　氷が水に浮く理由を調べたところ，密度の違いが関係しており，水と氷の密度は右の表の値であることがわかった。次の問いに答えなさい。

(6点×2－12点)

状態	密度〔g/cm^3〕
水	1
氷	0.92

記述 (1) 氷が水に浮く理由を，簡単に書きなさい。

(2) 水が氷に変化するときの質量や体積について述べたものとして適切なものを，次のア～エから1つ選び，記号で答えなさい。

　ア　質量が変化しないので，水の体積と氷の体積のおよその比は 100：109 になる。

　イ　質量が変化しないので，水の体積と氷の体積のおよその比は 100：92 になる。

　ウ　体積が変化しないので，水の体積と氷の体積のおよその比は 100：109 になる。

　エ　体積が変化しないので，水の体積と氷の体積のおよその比は 100：92 になる。

(1)	(2)

〔東京－改〕

Step A ▶ Step B-② ▶ Step C

●時　間 35分	●得　点
●合格点 75点	点

解答▶別冊 6 ページ

1 [有機物と無機物]　次の問いに答えなさい。　　　　　　　　　　（6点×2 − 12点）

(1) 有機物を次の**ア**〜**エ**から 1 つ選び，記号で答えなさい。

　　ア 硫黄　**イ** マグネシウム　　**ウ** 塩化ナトリウム　　**エ** デンプン

(2) 有機物以外の物質である無機物を，次の**ア**〜**オ**から 2 つ選び，記号で答えなさい。

　　ア 食塩　**イ** 砂糖　**ウ** プラスチック　**エ** ロウ　**オ** 鉄

(1)	(2)	

〔千葉，北海道〕

2 [物質の密度と浮き沈み]　図 1 のように，水 300 cm³ を入れたビーカー，エタノール 300 cm³ を入れたビーカー，密度が等しい 2 つのポリエチレン片を用意し，液体中の物体の浮き沈みについて調べた。これについて，次の問いに答えなさい。ただし，20℃における密度は，水が 1.00 g/cm³，エタノールが 0.79 g/cm³，用いたポリエチレン片が 0.95 g/cm³ である。　　（6点×2 − 12点）

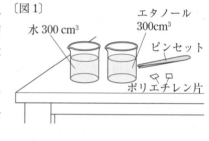

〔図 1〕
水 300 cm³
エタノール 300cm³
ピンセット
ポリエチレン片

(1) 20℃において，エタノール 300 cm³ の質量は何 g か求めなさい。

(2) 図 2 のように，20℃において，ポリエチレン片を水とエタノールの中にそれぞれ入れて，静かにはなした。このときのポリエチレン片の浮き沈みについて述べた文として，正しいものを次の**ア**〜**エ**から 1 つ選び，記号で答えなさい。

〔図 2〕
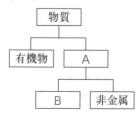

　　ア 水にも，エタノールにも沈む。

　　イ 水には沈むが，エタノールには浮く。

　　ウ 水には浮くが，エタノールには沈む。

　　エ 水にも，エタノールにも浮く。

(1)	(2)	

〔山　口〕

3 [物質の区別]　次の問いに答えなさい。　　　　　　　　　　（6点×8 − 48点）

(1) 図 1 は，物質の区別について表している。図 1 の**A**と**B**にあてはまる語を書きなさい。

(2) 次の文中の　①　〜　④　にあてはまる語を書きなさい。

〔図 1〕

```
        物質
      ┌──┴──┐
   有機物    A
          ┌─┴─┐
          B   非金属
```

> 　有機物は，一般に　①　を含んでおり，加熱すると焦げて　②　ができる。さらに加熱すると　③　という気体が発生し，　③　は　④　を白く濁らせる性質がある。

(3) 図2は物質を加熱するときのようすを表している。図2のCのような〔図2〕
実験器具の名称（めいしょう）を答えなさい。

(4) 図1のBに分類されるものとして適切なものを，次の**ア〜ク**からすべ
て選び，記号で答えなさい。

ア 鉄	**イ** 水	**ウ** デンプン
エ エタノール	**オ** 銅	**カ** アルミニウム
キ 砂 糖	**ク** 食 塩	

(1)	A		B		(2)	①		②		③		④	
(3)			(4)										

---

4 [物体の質量と密度]　5個の金属球A〜Eがあり，これらの金属は，鉛（なまり），鉄，〔図1〕
亜鉛（あえん），アルミニウムのいずれかであることがわかっている。金属球A〜Eが
どの金属であるかを調べるために，次の実験を行った。これについて，あと
の問いに答えなさい。
（7点×4－28点）

〔実験〕

(i) 金属球Aの質量を電子てんびんではかったところ，35.5 g だった。

(ii) 図1のように，水を入れたメスシリンダーに金属球Aを静かに入れて
体積を調べたところ，5.0 cm³ だった。

(iii) 金属球B〜Eについても同様に，
質量と体積を測定した。図2は，
金属球B〜Eについて，その結
果を示したものである。また，
4種類の金属の密度は右の表の
とおりである。

	密度〔g/cm³〕
鉛	11.35
鉄	7.87
亜鉛	7.13
アルミニウム	2.70

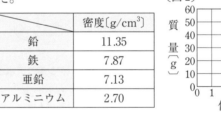

〔図2〕

(1) 図3は，図1のメスシリンダーの水面付近を拡大したものである。〔図3〕
メスシリンダーの目盛りは，どこを読めばよいか。図3の**ア〜ウ**の
中から1つ選び，記号で答えなさい。

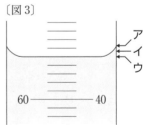

(2) 金属球Aの密度は何 g/cm³ か，書きなさい。また，その結果から金
属球Aはどの金属からできていると考えられるか，上の表を参考に
して金属の名称（めいしょう）を書きなさい。

(3) 金属球Aと同じ種類の金属からできていると考えられるものを，金属球B〜Eの中から1つ選
び，記号で答えなさい。

(1)		(2) 密度	名称	(3)	

〔佐賀－改〕

5 気体とその性質

Step A 〉 Step B 〉 Step C

解答▶別冊7ページ

1 固体を加熱して気体をつくる（炭酸水素ナトリウムから二酸化炭素を得る場合）

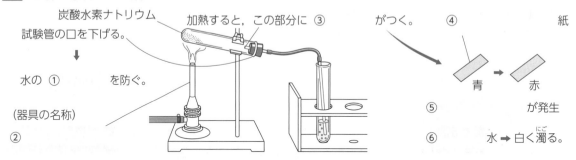

炭酸水素ナトリウム

試験管の口を下げる。
↓
水の ① を防ぐ。

（器具の名称）
②

加熱すると，この部分に ③ がつく。

④ 紙

青 ➡ 赤

⑤ が発生

⑥ 水 ➡ 白く濁る。

2 固体と液体を反応させて気体をつくる（石灰石に塩酸を注ぎ二酸化炭素を得る場合）

（器具の名称）
⑦

塩酸
三角フラスコ

このガラス管の先端は，
底の近くにくるようにする。

石灰石

水

ここに発生した ⑧ がたまる。➡ ⑨ で集める。

発生する初めの気体
↓
三角フラスコの中にあった ⑩ を多く含む。
↓
しばらくしてから集める。

3 水溶液に溶けている気体をとり出す（アンモニア水からアンモニアを得る場合）

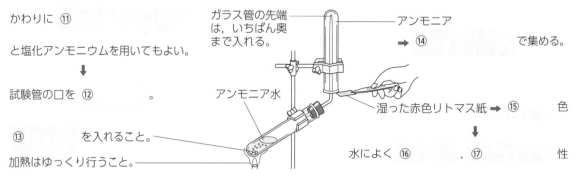

かわりに ⑪

と塩化アンモニウムを用いてもよい。
↓
試験管の口を ⑫ 。

⑬ を入れること。

加熱はゆっくり行うこと。

ガラス管の先端
は，いちばん奥
まで入れる。

アンモニア水

アンモニア
➡ ⑭ で集める。

湿った赤色リトマス紙 ➡ ⑮ 色
↓
水によく ⑯ ，⑰ 性

4 発生する気体の集め方（捕集法）

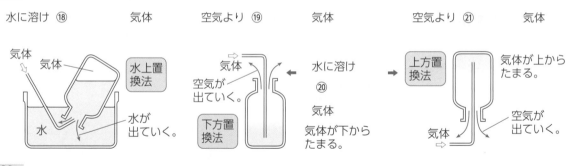

水に溶け ⑱ 気体　　　空気より ⑲ 気体　　　空気より ㉑ 気体

気体
気体

水上置
換法

水

水が
出ていく。

気体
空気が
出ていく。

下方置
換法

水に溶け
㉑
気体
気体が下から
たまる。

上方置
換法

気体が上から
たまる。

気体

空気が
出ていく。

▶次の[ ]にあてはまる語句や数値を入れなさい。

5 二酸化炭素のつくり方と性質

① つくり方　⑦炭酸カルシウム(石灰石や貝殻)にうすい[㉒]を注ぐ。

㉒ _____

　　⑦炭酸水素ナトリウムを加熱する。

㉓ _____

② 性質　⑦無色無臭で，空気より重い。(空気の約 1.5 倍)

㉔ _____

　　⑦水に溶ける。(20℃の水 1cm³ に 0.88cm³ 溶ける) その水溶液(炭酸水)は [㉓]性を示す。

　　⑨石灰水に通すと，[㉔]色の沈殿(炭酸カルシウム)を生じる。

6 酸素のつくり方と性質

① つくり方……過酸化水素水(オキシドール)を [㉕]に滴下する。

㉕ _____

② 性質　⑦無色無臭で，空気よりやや重い。(空気の約 1.1 倍)

㉖ _____

　　⑦酸素自身は燃えないが，ほかの物質が燃えるのを助ける性質([㉖]性)があるので，酸素中ではものは激しく燃える。

　　⑨水に溶けにくい。(20℃の水 1cm³ に 0.031cm³ 溶ける。)

7 水素のつくり方と性質

① つくり方……[㉗]にうすい塩酸を加える。([㉗]のかわりにマグネシウムや鉄などを用いてもよい。また，うすい塩酸のかわりにうすい硫酸を用いることもある。)

㉗ _____

㉘ _____

② 性質　⑦無色無臭で，空気よりも軽い。(空気の約 0.07 倍で，気体の中で最も軽い。)

㉙ _____

　　⑦水にほとんど溶けない。(20℃の水 1cm³ に 0.018cm³ 溶ける。)

　　⑨空気中で燃えると[㉘]をつくる。(空気や[㉙]と混ぜた混合気体に火をつけると爆発する。)

8 アンモニアのつくり方と性質

① つくり方　⑦[㉚]を加熱する。

㉚ _____

　　⑦塩化アンモニウムと水酸化カルシウムをよく混ぜて加熱する。

㉛ _____

② 性質　⑦無色で，目や鼻をつく特有の[㉛]がある。

　　⑦水に非常によく溶ける。(20℃の水 1cm³ に 702cm³ 溶ける。)

　　⑨空気よりも軽い。(空気の約 0.6 倍)

9 空気・その他の気体の性質

① 空気は主に窒素と酸素の混合気体であり，その体積比はおよそ [㉜]：1 である。(0℃，1 気圧の空気 1L の重さは 1.29g)

㉜ _____

㉝ _____

② 塩素は[㉝]色で刺激臭があり，水に溶けやすく，空気より重い気体である。水溶液は[㉞]性で有毒である。

㉞ _____

㉟ _____

③ 塩化水素は無色で[㉟]があり，水に非常によく溶け，空気より重い気体である。水溶液は[㊱]で[㊲]性を示し有毒である。

㊱ _____

㊲ _____

Step A 〉 Step B-① 〉 Step C

●時　間　45分	●得　点
●合格点　75点	点

解答▶別冊7ページ

1 [気体の性質]　次の(1)〜(5)の気体の性質について，あてはまるすべての性質を下から選び，記号を書きなさい。

(4点×5 − 20点)

(1) アンモニア　　　(2) 酸　素　　　　(3) 水蒸気

(4) 水　素　　　　(5) 二酸化炭素

　ア　空気中で燃える。　　イ　空気の約1.5倍の重さである。

　ウ　空気よりも軽い。　　エ　石灰水を白く濁らせる。

　オ　鼻をさすような激しいにおいをもつ。　　カ　冷えると水になる。

　キ　非常に水に溶けやすい。　　ク　物質の中でいちばん軽い。

　ケ　水に少しは溶ける。

　コ　水に溶けると，その液はアルカリ性を示す。

　サ　水に溶けると，その液は酸性を示す。

　シ　水にほとんど溶けない。　　ス　燃えると水ができる。

(1)	(2)	(3)	(4)
(5)			

2 [気体の発生と性質]　次の実験について，あとの問いに答えなさい。

(5点×4 − 20点)

〔実験〕

　　(ⅰ) 塩化アンモニウムと水酸化カルシウムをよく混ぜ合わせて試験管に入れた。

　　(ⅱ) 右の図のように，試験管の口を少し下げて加熱し，気体を発生させた。

　　(ⅲ) 丸底フラスコの口に水でぬらした赤色リトマス紙を近づけたところ，青色に変化した。

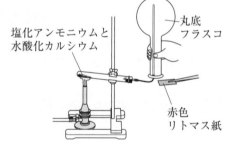

塩化アンモニウムと水酸化カルシウム／丸底フラスコ／赤色リトマス紙

記述 (1) 図のような気体の集め方をしたのは，発生する気体にどのような性質があるためか，簡潔に書きなさい。

記述 (2) 実験の(ⅱ)で，試験管の口を少し下げて加熱するのはなぜか，その理由を簡潔に書きなさい。

(3) 発生した気体は何か，その名称を書きなさい。また，実験の(ⅲ)より，発生した気体は水に溶けると，酸性，中性，アルカリ性のどの性質を示すか書きなさい。

(1)		
(2)		
(3)	名称	性質

〔和歌山〕

3 [気体の発生] 次の実験について，あとの問いに答えなさい。 (5点×3 − 15点)

〔実験〕 煮つめた砂糖水に炭酸水素ナトリウムを加えてかき混ぜる 〔図1〕
と，図1のようにふくらんだカルメ焼きができる。このときの炭
酸水素ナトリウムのはたらきを調べるため，図2の装置で炭酸水
素ナトリウムを加熱したところ気体が発生し，加熱した試験管の
口の部分には液体が見られた。

(1) 図2のように，発生した気体を水上置換法で複数の試 〔図2〕
験管に集め，気体が何かを調べる。このとき，はじめ
に集めた1本目の試験管の気体は使用しない。この理
由を簡潔に書きなさい。

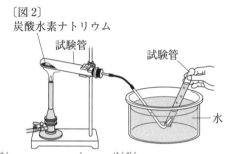

炭酸水素ナトリウム
試験管
試験管
水

(2) 発生した気体と加熱した試験管の口に見られた液体に
ついて述べた次の文の **ア** と **イ** に適する語句を
入れ，文を完成させなさい。

　　発生した気体を集めた試験管に **ア** を入れてゴム栓をしてよく振ると白濁したので，この
気体が二酸化炭素であり，カルメ焼きをふくらませていることがわかった。次に，加熱した試
験管の口に見られた液体に **イ** をつけると赤くなったので，この気体が水であることがわか
った。

(1)	
(2)	ア ⎪ イ

〔長　崎〕

4 [気体の製法と性質] 次のA〜Eの気体について，あとの問いに答えなさい。 (5点×9 − 45点)

A 窒素　　B 水素　　C 酸素　　D アンモニア　　E 二酸化炭素

(1) 次の文は，どの気体について述べたものか，A〜Eの記号で答えなさい。

① この気体の水溶液にフェノールフタレイン液を入れると赤くなる。

② この気体でつくったシャボン玉は高く上がっていき，点火するとポッと燃える。

③ 炭酸水素ナトリウムを加熱すると発生してくる気体である。

④ 空気の約80％はこの気体である。

⑤ この気体の中では，針金も激しく燃える。

(2) B〜Eの気体を発生させるのに必要な物質を，次の**ア**〜**キ**から選び，記号で答えなさい。

　ア 亜鉛　　　　　　**イ** 二酸化マンガン

　ウ 石灰石　　　　　**エ** 水酸化カルシウム

　オ 過酸化水素水　　**カ** 塩酸

　キ 塩化アンモニウム

(1)	① ⎪ ② ⎪ ③ ⎪ ④ ⎪ ⑤
(2)	B ⎪ C ⎪ D ⎪ E

〔ノートルダム女学院高−改〕

Step A ＞ Step B-② ＞ Step C

●時　間 45分	●得　点
●合格点 75点	点

解答▶別冊7ページ

1 [気体の性質]　次の(1)～(6)の性質をもつ気体を，それぞれ下のア～クからすべて選び，記号で答えなさい。

(2点×6－12点)

(1) 色のついている気体

(2) 20℃の水に最も多く溶ける気体

(3) ものを燃やすはたらきのある気体

(4) 水に溶けると酸性を示す気体

(5) 空気よりも重い気体

(6) においのある気体

　ア　酸　素　　イ　アンモニア　ウ　水　素　　エ　窒　素　　オ　塩化水素

　カ　二酸化炭素　　キ　塩　素　　ク　二酸化硫黄

(1)	(2)	(3)	(4)	(5)	(6)

2 [気体の製法と性質]　次のA～Eの気体がある。これらの気体について，次の問いに答えなさい。

(4点×9－36点)

　A　水　素　　B　酸　素　　C　窒　素　　D　アンモニア　　E　二酸化炭素

(1) 下の表はこれらの気体の性質についてまとめたものである。①～⑤にあてはまる気体を，A～Eからそれぞれ1つずつ選び，記号で答えなさい。

①	水に溶けにくい。化学変化を起こしにくい。空気中に最も多く含まれる。
②	水に少し溶ける。水溶液は酸性を示す。空気より重い。
③	水に溶けにくい。物質を燃焼させるはたらきがある。空気より少し重い。
④	水に溶けにくい。空気中でよく燃焼する。非常に軽い。
⑤	水によく溶ける。水溶液はアルカリ性を示す。空気より軽い。

(2) 右の図の方法で気体を集めるのに最も適当である気体を，A～Eから1つ選び記号で答えなさい。

(3) 貝殻を塩酸に加えると発生する気体の性質を，(1)の表の①～⑤から1つ選び記号で答えなさい。

(4) 石灰水に通じると白く濁らせる気体を，A～Eから1つ選び記号で答えなさい。

(5) 塩酸を近づけると白い煙を生じる気体を，A～Eから1つ選び記号で答えなさい。

(1)	①	②	③	④	⑤	(2)	(3)	(4)

(5)

〔日本大豊山女子高－改〕

3 [アンモニア・酸素の性質] アンモニアと酸素に関して，次の問いに答えなさい。

(4点×8 - 32点)

(1) アンモニアは，□□□と水酸化カルシウムを用いて発生させることができる。□□□に適する物質名を書きなさい。

(2) (1)の方法でアンモニアを得るとき，発生方法を図の**ア～ウ**から，捕集方法を図の**エ～カ**から，それぞれ1つずつ選び，記号で答えなさい。

記述 (3) (2)の捕集方法を選んだ理由を，簡潔に書きなさい。

(4) アンモニアの入った試験管の口に濃塩酸をつけたガラス棒を近づけると，どのような変化が観察されるか。

(5) 酸素は，うすい□□□を二酸化マンガンに注ぐと発生する。□□□に適する物質名を書きなさい。

(6) (5)の方法で，酸素を得るとき，発生方法を図の**ア～ウ**から，捕集方法を図の**エ～カ**から，それぞれ1つずつ選び，記号で答えなさい。

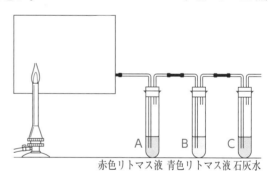
ア　イ　ウ
エ　オ　カ

(1)		(2) 発生方法 ┊ 捕集方法	(3)
(4)		(5)	(6) 発生方法 ┊ 捕集方法

〔甲陽学院高－改〕

4 [炭酸水素ナトリウムの加熱] 炭酸水素ナトリウムの粉末を加熱して，発生する気体を調べる実験をした。これについて，次の問いに答えなさい。

(4点×5 - 20点)

(1) 右の実験装置は，炭酸水素ナトリウムを加熱する部分が描かれていない。この省略された部分の実験の図を描きなさい。ただし，器具を支持するスタンドなどは描かなくてもよい。

(2) 加熱した試験管の中では2種類の気体が発生する。これらの気体名を答えなさい。

(3) 各試験管A，B，Cの中の液はどうなるか。最も適当な組み合わせを，表の**ア～オ**から1つ選び，記号で答えなさい。

A　B　C
赤色リトマス液　青色リトマス液　石灰水

記述 (4) ガラス管から気体が出なくなったら，ガスバーナーの火を消す前に試験管Aのガラス管を赤色リトマス液から出さなければならない。その理由を簡単に書きなさい。

	Aの変化	Bの変化	Cの変化
ア	青色になる	赤色になる	透明のまま
イ	青色になる	青色のまま	白く濁る
ウ	赤色のまま	赤色になる	白く濁る
エ	赤色のまま	青色のまま	透明のまま
オ	青色になる	赤色になる	白く濁る

(1) (図に記入)	(2) ┊	(3)
(4)		

〔東京学芸大附高－改〕

Step A 〉 Step B 〉 Step C-①

●時 間 45分	●得 点
●合格点 75点	点

解答▶別冊8ページ

重要 1 右の表は，4種類の気体A，B，C，Dの性質について調べた結果をまとめたものである。このことについて，次の問いに答えなさい。　　(5点×6－30点)

気体＼性質	密 度〔g/L〕(20℃，1気圧)	に お い	水 溶 性(水に対する溶け方)	気体の水溶液によるリトマス紙の色の変化
A	0.08	無臭(むしゅう)	溶けにくい	変化しない
B	1.83	無臭	溶ける	青色が赤色に変化
C	0.71	特有のにおい	きわめてよく溶ける	赤色が青色に変化
D	1.52	特有のにおい	よく溶ける	青色が赤色に変化

※ただし，空気の密度は20℃，1気圧で1.20g/Lとする。

(1) A，B，Cの気体は，それぞれ何か。次のア～オから1つずつ選び，記号を書きなさい。

　ア アンモニア　**イ** 二酸化炭素　**ウ** 酸 素　**エ** 塩化水素　**オ** 水 素

(2) 右の図は，気体の捕集法(ほしゅう)を示したものである。A，Cそれぞれの気体を集めてとり出すには，どのような方法が最も適当か。図のア～エからそれぞれ選び，記号を書きなさい。

ア　　　イ　　　ウ　　　エ

水

(3) 気体Dの水溶液(すいようえき)に，ある金属を加えるとAの気体が発生した。加えた金属は何か。次のア～エから1つ選び，記号を書きなさい。

　ア 銅　**イ** 亜鉛(あえん)　**ウ** 白金　**エ** 銀

(1)	A	B	C	(2)	A	C	(3)	

〔和歌山〕

2 次の実験について，あとの問いに答えなさい。　　(7点×5－35点)

〔実験〕 気体を発生させるために用いる発生用の試験管と，発生した気体を集めるために用いる捕集用の試験管を，それぞれ複数本準備し，右の図のように発生用の試験管で物質を混合することで気体を発生させ，それぞれ別のₐ捕集用の試験管に集めた。捕集用の試験管に気体を集めるとき，ガラス管から出てきた気体のうちの，ᵦはじめの捕集用の試験管1本分程度は捨て，そのあとに出てきた気体を捕集用の試験管に集め，それぞれのᴄ気体の特徴(とくちょう)を調べた。

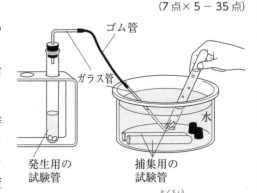

ゴム管
ガラス管
水
発生用の試験管
捕集用の試験管

(1) 下線部aについて，図のようにして気体を集める方法を何というか，答えなさい。

(2) 次のア～エのうち，図のようにして集めるのに適していない気体をすべて選び，記号で答えなさい。

　ア 水 素　**イ** アンモニア　**ウ** 窒素(ちっそ)　**エ** 塩 素

(3) 発生用の試験管に2つの物質を入れて二酸化炭素を発生させるとき，発生用の試験管に入れる物質として適しているものを次のア～キから2つ選び，記号で答えなさい。

　ア 石灰石(せっかい)　**イ** 二酸化マンガン　**ウ** 硫酸(りゅうさん)バリウム　**エ** 銅
　オ 食塩水　**カ** 塩 酸　**キ** オキシドール(うすい過酸化水素水)

Step C

第1章
第2章
第3章
第4章
総合実力テスト

(4) 下線部 b について，はじめの捕集用の試験管 1 本分程度の気体を捨てるのは，その気体が化学反応で発生させた気体の特徴を調べるのに適していないからである。適していない理由を簡潔に書きなさい。

(5) 下線部 c について，捕集用の試験管に集めた気体が酸素であったときの現象として最も適しているものはどれか。次の**ア～ウ**から 1 つ選び，記号で答えなさい。

　ア　捕集用の試験管の中に火をつけた線香を入れると，線香が激しく燃えた。

　イ　捕集用の試験管の中に火をつけた線香を入れると，線香の火が消えた。

　ウ　捕集用の試験管の口に火をつけた線香を近づけると，ポンと音がして水ができた。

(1)		(2)	(3)	
(4)				(5)

〔大　阪〕

3 次の I 群は発生する気体，II 群は気体を発生させるための方法，III 群は気体を発生させる装置をそれぞれ示したものである。これらについて，あとの問いに答えなさい。　(7点×5－35点)

〔I 群〕　A　酸　素　　B　窒　素　　C　水　素

　　　　D　塩化水素　　E　アンモニア　　F　二酸化炭素

〔II 群〕　a　酸化銀を加熱する。　b　亜硝酸ナトリウムと塩化アンモニウムの水溶液を加熱する。

　c　亜鉛にうすい塩酸を加える。　　d　塩化ナトリウムにうすい硫酸を加えて加熱する。

　e　塩化アンモニウムを加熱する。　f　石灰石にうすい塩酸を加える。

〔III 群〕

 あ　 い　 う　 え　 お　 か

(1) 酸素と二酸化炭素の発生方法を II 群より，気体の発生装置を III 群よりそれぞれ選び，その正しい組み合わせを次から 1 つずつ選びなさい。

　ア　f─あ　　**イ**　e─い　　**ウ**　d─う　　**エ**　c─え　　**オ**　b─お　　**カ**　a─か

(2) I 群の中で水上置換法で捕集する気体の正しい組み合わせを次から 1 つ選びなさい。

　ア　AとBとC　　**イ**　BとCとD　　**ウ**　CとDとE　　**エ**　DとEとF

　オ　EとFとA　　**カ**　FとAとB

(3) I 群の中で空気に対する重さが軽い気体の正しい組み合わせを次から 1 つ選びなさい。

　ア　AとC　　**イ**　BとF　　**ウ**　AとE　　**エ**　BとD　　**オ**　EとF　　**カ**　CとE

(4) I 群の中で気体が水に溶けたとき，その水溶液が青色リトマス紙を赤く変える性質を示す気体はどれか。正しい組み合わせを次から 1 つ選びなさい。

　ア　AとC　　**イ**　BとF　　**ウ**　AとE　　**エ**　BとD　　**オ**　DとF　　**カ**　CとE

(1)	酸素	二酸化炭素	(2)	(3)	(4)

〔暁高－改〕

6 水溶液

Step A 〉 Step B 〉 Step C

解答▶別冊9ページ

1 水溶液を扱う器具の取り扱い

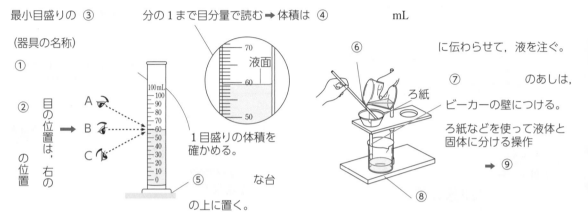

最小目盛りの ③ 　　　　分の1まで目分量で読む ➡ 体積は ④ 　　　　mL

（器具の名称）

①

② 　　目の位置は，右の 　の位置

A B C

液面

100mL

1目盛りの体積を確かめる。

⑤ 　　　　な台の上に置く。

⑥ 　　　　に伝わらせて，液を注ぐ。

⑦ 　　　　のあしは，ビーカーの壁につける。

ろ紙

ろ紙などを使って液体と固体に分ける操作

➡ ⑨

⑧

2 溶解度

物質 ＼ 温度〔℃〕	0	20	40	60	80	100
塩化ナトリウム	35.6	35.8	36.3	37.1	38.0	39.3
硫　酸　銅	23.8	35.6	53.5	80.3	127.8	－
ミョウバン	5.7	11.4	23.8	57.4	321.6	－

〈水 100 g に溶ける物質の質量〔g〕〉

食塩 50 g以上

上ずみ液をとる

20℃ 100 g 水

食塩が溶けずに残る

水溶液

⑩

⑪ ＝

水 100 g に溶ける物質の質量〔g〕

90
80 硫酸銅
70 塩化ナトリウム
60
50
40 ミョウバン
30
20
10
0
0 10 20 30 40 50 60 70 80
温　度〔℃〕

この曲線を ⑫ 　　　　という。

3 物質が溶けるようす

⑬ 　　　　が硫酸銅の粒と粒の間に入りこむ。 ➡ 硫酸銅の粒は全体に広がっていく。

1日目　　　　4日目　　　　9日目

硫酸銅の粒

水の粒

〈 硫酸銅が水に溶けるようす 〉

（ ⑭ 　　　　という）

↓

・色は ⑮ 　　　色

・溶液は ⑯

・濃さは ⑰

▶次の[　]にあてはまる語句や数値を入れなさい。

4 水溶液（すいようえき）

① 水に砂糖を溶（と）かすと砂糖水ができる。この場合，砂糖のように溶けている物質を[⑱　]といい，水のように砂糖を溶かしている物質を[⑲　]という。溶質が溶媒（ようばい）に溶けた液全体を[⑳　]といい，溶媒が水のときは[㉑　]，溶媒がアルコールのときは[㉒　]という。

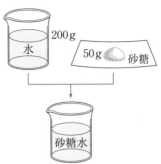

② 水溶液の濃さを表すのに，[㉓　]の質量に対する[㉔　]の質量の割合を百分率で表した次の式を用いる。

$$質量パーセント濃度（のうど）[\%] = \frac{[㉔]の質量[g]}{[㉓]の質量[g]} \times 100$$

③ 上の図の砂糖水の濃度は，

$$\frac{[㉕　]\ g}{(200 + [㉕\ ])\ g} \times 100 = [㉖　]\ \%$$

5 溶解度（ようかいど）

① 一定量の水に溶ける物質の質量には限度があり，これを[㉗　]という。ふつう，[㉘　]gの水に溶ける物質の質量（g単位）の値で表す。物質が溶解度まで溶けている水溶液を[㉙　]という。温度による溶解度の差を利用し，水溶液の温度を下げたり，水を蒸発させたりすると溶けていた物質をとり出すことができる。これを[㉚　]という。

② 再結晶により，規則正しい形の固体をとり出すことができ，これを[㉛　]という。物質によりその形は異なっている。

6 物質の結晶

　水溶液からでてきた固体の物質はいくつかの平面で囲まれた規則正しい形をしている。これを[㉜　]という。

[㉝　]の結晶　　　　[㉞　]の結晶　　　　[㉟　]の結晶

⑱ _____

⑲ _____

⑳ _____

㉑ _____

㉒ _____

㉓ _____

㉔ _____

㉕ _____

㉖ _____

㉗ _____

㉘ _____

㉙ _____

㉚ _____

㉛ _____

㉜ _____

㉝ _____

㉞ _____

㉟ _____

Step A ▶ Step B-① ▶ Step C

重要 **1** [水溶液の濃度と密度]　右の表は，固体と液体の密度を表したものである。固体Aでできた一辺が 2.0cm の立方体の質量をはかったところ，7.36g であり，液体Bに入れると沈んだ。また，液体Bに，液体Bより密度の大きい液体Cを加えると混じり合った。これについて，次の問いに答えなさい。　(5点×3 − 15点)

密度〔g /cm³〕		
固体	氷（0℃）	0.92
	ロ　ウ	0.88
	ポリスチレン	1.06
	アルミニウム	2.70
液体	水	1.00
	エタノール	0.79
	食用油	0.91
	食塩の飽和水溶液	1.20

※温度が示されていないものは 20℃の値である。

(1) 表の食塩の飽和水溶液 100cm³ に含まれる食塩は何gか，適切なものを次の**ア〜エ**から1つ選び，記号で答えなさい。ただし，20℃における食塩の溶解度を 35.8 とする。

　ア 26.4 g　**イ** 31.6 g　**ウ** 35.8 g　**エ** 43.0 g

(2) 固体Aとして適切なものはどれか，次の**ア〜エ**から1つ選び，記号で答えなさい。

　ア 氷　**イ** ロ　ウ　**ウ** ポリスチレン　**エ** アルミニウム

(3) 液体Bとして適切なものはどれか，次の**ア〜エ**から1つ選び，記号で答えなさい。

　ア 水　**イ** エタノール　**ウ** 食用油　**エ** 食塩の飽和水溶液

(1)		(2)		(3)	

〔兵　庫〕

2 [水溶液と溶解度]　食塩水，砂糖水，うすい塩酸，水酸化ナトリウム水溶液をつくったが，どれも無色透明で見分けがつかなかった。これについて，次の問いに答えなさい。(4点×5 − 20点)

記述 (1) うすい塩酸を見分けるとき，使用する器具などを次の**ア〜エ**から1つ選び記号で答えなさい。また，その見分け方も書きなさい。

　ア 塩化コバルト紙　**イ** リトマス紙　**ウ** 電池と電極　**エ** ろ紙とろうと

(2) 電流が流れるかどうかを調べるときの注意事項として，1つの水溶液について調べ終わったあとに，電極をどうすればよいか。最も適切なものを次の**ア〜エ**から1つ選び，記号で答えなさい。

　ア そのまま，すぐ使う。　　**イ** ぞうきんでふいてから使う。
　ウ 蒸留水で洗ってから使う。　**エ** そのまま，乾かしてから使う。

(3) この中で電流が流れない水溶液はどれか。次の**ア〜エ**から1つ選び，記号で答えなさい。

　ア 食塩水　**イ** 砂糖水　**ウ** うすい塩酸　**エ** 水酸化ナトリウム水溶液

(4) 実験で使った水溶液の処理のしかたとして最も適当なものを次の**ア〜エ**から1つ選び，記号で答えなさい。

　ア 流しにこぼし，水道水で流す。　　**イ** 回収用の容器に集めて先生に処理してもらう。
　ウ ちり紙に吸いこませて，燃えるゴミとして捨てる。
　エ ペットボトルに入れ，燃えないゴミとして捨てる。

(1)	記号	見分け方		
(2)		(3)	(4)	

3 ［食塩水・硝酸カリウム水溶液］　2つのビーカーに20℃の水を100gずつとり，1つのビーカーに食塩を50g入れ，もう1つのビーカーに硝酸カリウムを50g入れ，よくかき混ぜたところ，どちらも溶けずに一部がビーカーの底に残った。次に2つのビーカーの水溶液の温度を60℃にしたところ，食塩は一部残ったが，硝酸カリウムは全部溶けた。これについて，次の問いに答えなさい。　　　　　　　　　　　　　　　　　　　　（5点×9－45点）

(1) 物質がそれ以上溶けることのできない水溶液を何といいますか。

(2) 図1で，硝酸カリウムは，**ア～ウ**のどのグラフか。最も適当なものを1つ選び，記号で答えなさい。

記述 (3) 図1で，食塩は，**ア～ウ**のどのグラフか。最も適当なものを1つ選び，記号で答えなさい。また，選んだ理由を簡潔に答えなさい。

重要 (4) 100g，70℃の水に，グラフの**ア**の物質を110g溶かし，その水溶液の温度を10℃に冷やした。このとき約何gが結晶として出てくるか。次の**ア～オ**から最も適当なものを1つ選び，記号で答えなさい。

　　ア 20g　**イ** 60g　**ウ** 80g　**エ** 90g　**オ** 100g

(5) グラフの**イ**の物質は，60℃の水50gに最大何gまで溶けますか。

(6) (5)のときの水溶液の質量パーセント濃度を整数値で答えなさい。

(7) 図2は結晶のスケッチである。**ア～オ**の中から，食塩と硝酸カリウムのスケッチを選び，それぞれ記号で答えなさい。

〔図1〕
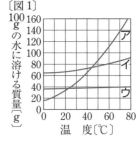

〔図2〕
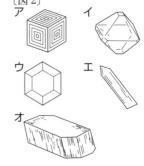

(1)		(2)		(3) 記号		理由	
(4)		(5)		(6)		(7) 食塩	硝酸カリウム

〔秋田－改〕

4 ［水溶液の濃度］　次の質量パーセント濃度についての計算をして，適する答えを**ア～カ**から選び，記号で答えなさい。　　　　　　　　　　　　　　　　　　　　（5点×4－20点）

(1) 20%の食塩水をつくりたい。水100gに食塩を何g溶かせばよいですか。

　　ア 10g　**イ** 15g　**ウ** 20g　**エ** 25g　**オ** 50g　**カ** 100g

(2) 15%の食塩水をつくりたい。食塩30gを何gの水に溶かせばよいですか。

　　ア 50g　**イ** 70g　**ウ** 100g　**エ** 150g　**オ** 170g　**カ** 200g

(3) 20%の食塩水が70gある。10%の食塩水にするとき，何gの水を加えればよいですか。

　　ア 30g　**イ** 35g　**ウ** 60g　**エ** 70g　**オ** 120g　**カ** 140g

(4) 20℃の水50gに砂糖を溶けるだけ溶かした水溶液の濃度は何%になりますか。ただし，砂糖の20℃での溶解度は204とする。

　　ア 40%　**イ** 53%　**ウ** 67%　**エ** 73%　**オ** 87%　**カ** 100%

(1)	(2)	(3)	(4)

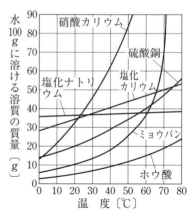

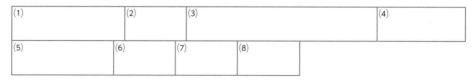

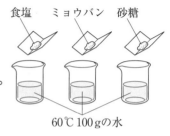

重要 **1** [溶解度・再結晶]　右のグラフは水の温度と水 100 g に溶ける各物質の限度の量(溶解度)との関係を示したものである。次の問いに答えなさい。
(5点×8 − 40点)

(1) 50℃で，溶解度が 2 番目に小さい物質は何か。

(2) 60℃で，硫酸銅が限度まで溶けている水溶液の質量パーセント濃度(％)を次の**ア**〜**エ**から選び，記号で答えなさい。
ア 20　**イ** 29　**ウ** 40　**エ** 45

(3) 70℃の水 150 g に，それぞれの物質 60 g を溶かしたとき，全部溶けずに固体が残る物質の名称をすべて書きなさい。なければ「なし」と書きなさい。

(4) 硝酸カリウムは，20℃の水 100 g に 32 g 溶ける。60℃の水 50 g に 50 g 溶けている水溶液を 20℃まで冷やすと，何 g の固体が析出するか。

(5) (4)のようにして，純粋な物質をとり出す方法を何というか。

(6) (5)の方法でとり出したミョウバンの結晶を，次の**ア**〜**オ**から選びなさい。

(7) 60℃の水 100 g に硝酸カリウム 50 g，食塩 20 g を混ぜて溶かし，その水溶液を 10℃に冷やしたところ結晶が析出した。およそ何 g の結晶か。次の**ア**〜**エ**から選び，記号で答えなさい。
ア 21 g　**イ** 28 g　**ウ** 35 g　**エ** 50 g

(8) (7)で析出した結晶は，次の**ア**〜**ウ**のどれか。記号で答えなさい。
ア 食塩　**イ** 食塩と硝酸カリウム　**ウ** 硝酸カリウム

(1)		(2)	(3)		(4)
(5)		(6)	(7)	(8)	

2 [水溶液]　右の図のように，60℃，100 g の水に食塩，ミョウバン，砂糖をそれぞれ 25 g ずつ加えてよくかき混ぜたところ，3 つの物質ともすべて溶けた。そして，3 つの水溶液をそれぞれかき混ぜながら，水溶液の温度を 20℃に下げて，ようすを観察した。表は，<u>100 g の水に溶ける食塩とミョウバンの最大の質量</u>と水の温度との関係を示したものである。次の問いに答えなさい。

(6点×5 − 30点)

(1) 下線部の最大質量(g 単位)の値を何といいますか。

(2) 水溶液の温度が 20℃のとき，砂糖を溶かした水溶液から結晶は出ていなかった。20℃のときのほかの 2 つの物質を溶かした水溶液のようすを述べた文として正しいもの

温　　度〔℃〕	0	20	40	60
食　　塩〔g〕	35.7	35.8	36.3	37.1
ミョウバン〔g〕	5.7	11.4	23.8	57.4

を，次の**ア〜エ**から1つ選び，記号で答えなさい。

ア 食塩の水溶液からもミョウバンの水溶液からも結晶が出ていた。

イ 食塩の水溶液からは結晶が出ていたが，ミョウバンの水溶液からは結晶は出ていなかった。

ウ 食塩の水溶液からは結晶は出ていなかったが，ミョウバンの水溶液からは結晶が出ていた。

エ 食塩の水溶液からもミョウバンの水溶液からも結晶が出ていなかった。

記述
(3) 水溶液に溶けている物質を結晶としてとり出す場合，水溶液の温度を下げる方法とは別の方法で結晶をとり出すことができる。その方法を簡潔に書きなさい。ただし，水溶液にほかの物質は加えないものとする。また，これらの方法で結晶をとり出すことを何というか。

(4) 40℃でのミョウバンの飽和水溶液の質量パーセント濃度を，小数第2位を四捨五入して答えなさい。

(1)		(2)		(3)	方法		名称	

(4)			

〔大阪−改〕

---

3 [水溶液] 硝酸カリウムと食塩を使って，水の温度と一定量の水に溶ける物質の質量との関係を調べるため，次の実験を行った。あとの問いに答えなさい。

(6点×5−30点) 〔図1〕

〔実験〕 図1のような装置で，表1のような水と物質を入れた4本の試験管a〜dを1本ずつかき混ぜながらゆっくり温度を上げ，物質が水に全部溶けたかどうかを調べた。表2は実験の結果を示したものである。また，図2のグラフは，4つの物質**ア〜エ**について，水の温度と水100gに溶ける物質の質量（溶解度）との関係を表している。

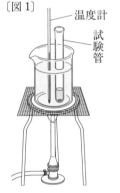
温度計
試験管

〔表1〕

試験管	試験管に入れた水と物質
a	水10gと硝酸カリウム3g
b	水10gと硝酸カリウム8g
c	水10gと食塩3g
d	水10gと食塩8g

〔表2〕（○印は全部溶けた。×印は溶け残った。）

試験管	10℃	25℃	40℃	55℃
a	×	○	○	○
b	×	×	×	○
c	○	○	○	○
d	×	×	×	×

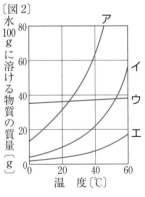
〔図2〕
水100gに溶ける物質の質量〔g〕
ア
イ
ウ
エ
温　度〔℃〕

(1) 実験の結果から判断して，図2のグラフの中で硝酸カリウムと食塩はそれぞれどれと考えられるか。**ア〜エ**から1つずつ選び，記号で答えなさい。

(2) 表2の中で×印のようになった水溶液を何といいますか。

記述
(3) 試験管cの水溶液から，食塩の一部をとり出すにはどんな方法が適当か。「溶解度」という語を用いて理由と方法を簡潔に書きなさい。

(4) 25℃のとき，試験管cに水を何g加えると溶液の質量パーセント濃度が10％になりますか。

(1)	硝酸カリウム	食塩	(2)	

(3)		(4)	

〔茨城−改〕

7 物質の状態変化

Step A ⟩ Step B ⟩ Step C

1 物質（パルミチン酸）の状態変化と温度のようす

解答▶別冊 10 ページ

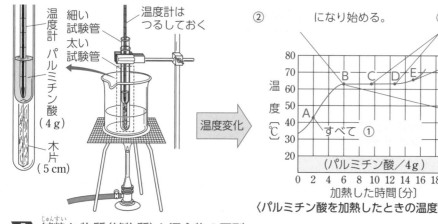

② [　　] になり始める。　③ [　　] と ④ [　　]

すべて液体

B 点の温度を

⑤ [　　] という。

すべて ① [　　]

純粋な物質（純物質）

➡ ⑥ [　　] して
いる間，温度は一定

〈パルミチン酸を加熱したときの温度変化〉

2 純粋な物質（純物質）と混合物の区別

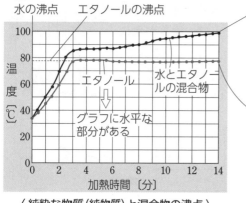

〈 純粋な物質（純物質）と混合物の沸点 〉

混合物……いくつかの純粋な物質（純物質）が混じり合ったもの。

食塩水　砂糖水　飲料炭酸水　空気

融点，沸点は一定 ⑦ [　　] 。

純粋な物質（純物質）…… ⑧ [　　] 種類の物質でできている。

水　エタノール　鉄　酸素

融点，沸点は一定 ⑨ [　　] 。

3 沸点の違いによる混合物の分離

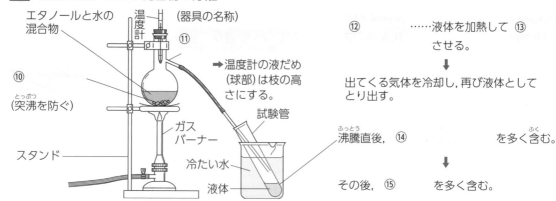

エタノールと水の混合物

温度計

（器具の名称）

⑪ [　　]

➡温度計の液だめ（球部）は枝の高さにする。

⑩ [　　]
（突沸を防ぐ）

ガスバーナー

試験管

スタンド

冷たい水

液体

⑫ [　　] ……液体を加熱して ⑬ [　　] させる。

↓

出てくる気体を冷却し，再び液体としてとり出す。

↓

沸騰直後，⑭ [　　] を多く含む。

↓

その後，⑮ [　　] を多く含む。

▶次の[　]にあてはまる語句や数値，記号を入れなさい。

4 物質の状態変化

① 物質の状態が，温度の変化によって，右の図のように固体⇄液体⇄気体とそのすがたを変えることを物質の[⑯　　]という。

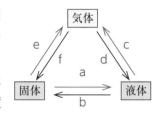

② aのように，固体の物質が液体の状態になる変化を[⑰　　]といい，そのときの温度を[⑱　　]という。

③ cのように，液体の状態から気体の状態になる変化を[⑲　　]といい，特に物質が沸騰して[⑲]しているときの温度を[⑳　　]という。この逆の変化（図中のd）を[㉑　　]という。

④ eのように，固体から直接，気体の状態になる変化を[㉒　　]といい，[㉓　　]やナフタレンなどが，この変化をする。また，この逆の変化のfも[㉒]というが，凝華という場合もある。

5 状態変化時の温度変化

　右のグラフは氷を加熱したときの時間と温度の関係を表したものである。氷がとけ始めるのは[㉔　　]分後，とけ終わるのは[㉕　　]分後で，また，沸騰し始めるのは[㉖　　]分後である。

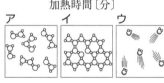

　それぞれの状態では，物質をつくる粒子の集まり方が違い，グラフのAは粒子モデルの[㉗　　]，Bは[㉘　　]，Cは[㉙　　]である。

　同じ実験の条件で，氷の質量を2倍にすると，氷のとけ始めからとけ終わりまでの時間は[㉚　　]分になる。

6 蒸留

① 蒸留では，液体の混合物を加熱し，[㉛　　]の違いを利用して物質を別々にとり出すことができる。

② 右の図は，水とエタノールの混合液を加熱したときの温度変化をグラフに表したものである。次のア～ウのうち，[㉜　　]が正しい文である。

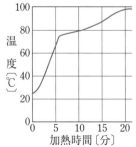

　ア　加熱してから3分後には，混合液は激しく沸騰し始める。

　イ　15分をすぎるころまでに，エタノールを多く含む気体が出る。

　ウ　20分をすぎても，まだエタノールは混合液の中に多く残っている。

⑯ ＿＿＿＿＿＿＿＿
⑰ ＿＿＿＿＿＿＿＿
⑱ ＿＿＿＿＿＿＿＿
⑲ ＿＿＿＿＿＿＿＿
⑳ ＿＿＿＿＿＿＿＿
㉑ ＿＿＿＿＿＿＿＿
㉒ ＿＿＿＿＿＿＿＿
㉓ ＿＿＿＿＿＿＿＿
㉔ ＿＿＿＿＿＿＿＿
㉕ ＿＿＿＿＿＿＿＿
㉖ ＿＿＿＿＿＿＿＿
㉗ ＿＿＿＿＿＿＿＿
㉘ ＿＿＿＿＿＿＿＿
㉙ ＿＿＿＿＿＿＿＿
㉚ ＿＿＿＿＿＿＿＿
㉛ ＿＿＿＿＿＿＿＿
㉜ ＿＿＿＿＿＿＿＿

Step A ▷ Step B-① ▷ Step C

●時 間 35分　●得 点
●合格点 75点　　　　点

解答▶別冊 10 ページ

1 [沸　点] 図1のような装置を用いて，次の実験を行った。あとの問いに答えなさい。

(6点×5－30点)

[図1]

温度計
沸騰石
冷たい水

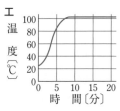

[図2]

a：液体A 30cm³
b：液体A 15cm³+液体B 15cm³

〔実験1〕 純粋な液体Aを丸底フラスコに 30cm³ 入れ，加熱したときの気体の温度と時間との関係を調べた。

〔実験2〕 純粋な液体Aと純粋な液体Bを丸底フラスコに 15cm³ ずつ入れ，実験1と同様の実験を行った。図2は，実験1と実験2の気体の温度と時間との関係をグラフに表したものである。

〔実験3〕 純粋な液体Aを丸底フラスコに 60cm³ 入れ，実験1と同様の実験を行った。

(1) 実験1について述べた次の文章の ① ， ② に適切な語を入れなさい。

純粋な液体Aが沸騰しているときは，加熱し続けても温度は変わらない。このときの温度を ① という。また，沸騰して出てくる気体を冷却して再び液体にする方法を ② という。

(2) 実験2で，加熱し始めてから，①5分から10分までの間と，②15分から20分までの間に出てきたそれぞれの気体を冷やしてとり出した液体は何か。次の**ア～オ**の中からそれぞれ1つずつ選びなさい。

ア 液体A　　**イ** 液体B　　**ウ** 同量の液体Aと液体B
エ 液体Aと少量の液体B　　**オ** 液体Bと少量の液体A

(3) 実験3の結果を表したグラフとして適切なものを，次の**ア～エ**から1つ選びなさい。

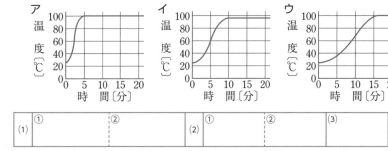

(1)	①	②		(2)	①	②	(3)	

〔青　森〕

2 [ガスバーナーの使い方] 次のア～エの順でガスバーナーを使うとき，誤った説明をしたものを，選びなさい。

(4点)

ア 元栓，調節ねじが閉まっているかを確認する。

イ 元栓をあける。

ウ ガス調節ねじと空気調節ねじを少し開き，マッチに火をつけて点火する。

エ ガス調節ねじで炎の大きさを調節し，空気調節ねじで青色の炎にする。

〔青雲高〕

46

3 [融点] 右のグラフは，パルミチン酸 5.1 g を試験管に入れてゆっくり加熱したときの時間と温度との関係を表したものである。次の問いに答えなさい。 (6点×3－18点)

(1) グラフのAの部分でのパルミチン酸について答えなさい。

① この物質はどのような状態にあるか，次の**ア**～**エ**から1つ選び，記号で答えなさい。

ア 固 体　**イ** 液 体　**ウ** 固体と液体　**エ** 液体と気体

② このような状態での温度を何というか，次の**ア**～**エ**から1つ選び，記号で答えなさい。

ア 露 点　**イ** 融 点　**ウ** 沸 点　**エ** 黒 点

(2) パルミチン酸の量を2倍にし，同じ実験をした場合はどうなるか，次の図の**ア**～**エ**から1つ選び，記号で答えなさい。

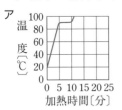 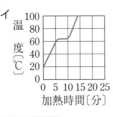 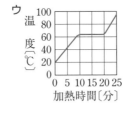 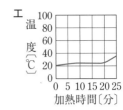

〔徳 島〕

4 [融点と沸点] 物質の融点と沸点を調べて，右の表にまとめた。これについて，次の問いに答えなさい。ただし，気圧は1気圧とする。 (6点×8－48点)

物質名	融点〔℃〕	沸点〔℃〕
ナフタレン	81	218
エタノール	−115	78
アンモニア	−78	−33
窒 素	−210	−196
酸 素	−219	−183
水 銀	−39	357
鉄	1538	2862
ス ズ	232	2602

(1) 次の金属は，1000℃の温度にすると，固体・液体・気体のいずれの状態になりますか。

① 水 銀

② 鉄

③ ス ズ

(2) アンモニアは，次の温度ではそれぞれどんな状態になりますか。

① −100℃

② −50℃

③ 0℃

(3) 20℃で液体のものを表から選び，その名称をすべて書きなさい。

(4) −200℃で液体のものを表から選び，その名称をすべて書きなさい。

〔同志社香里高〕

Step A ▶ Step B-② ▶ Step C

●時 間 40分　●得 点
●合格点 75点　　　　　点

解答▶別冊 11 ページ

1 [水溶液の混合物]　水とエタノールの混合液を加熱し，物質を分けてとり出す実験を行った。この実験について，あとの問いに答えなさい。

(8点×6－48点)

〔実験〕

(i) 水 20mL とエタノール 5mL の混合液と，沸騰石を枝つきフラスコに入れる。

(ii) 図1のように，混合液を加熱し，1分ごとに温度計の目盛りを読む。

(iii) ガラス管から出てくる物質を，試験管A，B，Cの順に約 3mL ずつ集める。

(iv) 実験結果をもとに，加熱時間と温度の関係をグラフに表すと，図2のようになった。

〔図1〕

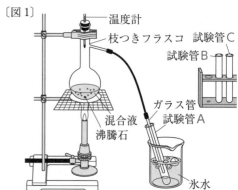

温度計
枝つきフラスコ　試験管C
試験管B
ガラス管
試験管A
混合液
沸騰石
氷水

(1) 図1の氷水は，ガラス管から出てくる物質を試験管A～Cに集めるために，どのようなはたらきをしているか。「気体」という語句を用いて，簡潔に書きなさい。

(2) 混合液の沸騰が始まったのは，加熱を始めてから約何分後か，最も適切なものを，次の**ア**～**エ**から1つ選び，記号で答えなさい。ただし，エタノールと水の沸点はそれぞれ 78℃，100℃とする。

〔図2〕

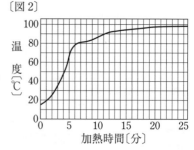

温度〔℃〕 / 加熱時間〔分〕

ア 約3分後　　**イ** 約6分後　　**ウ** 約11分後　　**エ** 約20分後

(3) エタノールを最も多く含んでいるのは，試験管A～Cのどれか，1つ選び，記号で答えなさい。また，その試験管にエタノールが含まれていることを確認する実験の方法を，1つ簡潔に書きなさい。

(4) 次の文は，液体の混合物から物質を分けてとり出すために，この実験で用いた方法の利用例についてまとめた内容の一部である。文中の（ ① ），（ ② ）に，適切な語句を入れなさい。

　液体の混合物から物質を分けてとり出すために，この実験で用いた方法を（ ① ）という。（ ① ）の利用例として，（ ② ）の精製がある。加熱された（ ② ）は，精留塔で粗製ガソリン（ナフサ）など，いくつかの物質に分けられる。

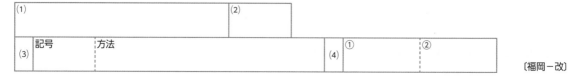

(1)		(2)	
(3)	記号　　方法	(4)	①　　　　　②

〔福岡－改〕

2 [温度と物質の変化]　図1のように，ポリエチレンの袋に液体のエタノールを入れて，袋の口を固くしばった。この袋に約 90℃の湯をかけるとエタノールは気体になり，図2のように袋は大きくふくらんだ。次の問いに答えなさい。

(8点×3－24点)

〔図1〕ポリエチレンの袋　液体のエタノール

(1) エタノールのすがたは温度を変えると変化した。物質のすがたが，温度を変えると固体，液体，気体と変化することを何というか。書きなさい。

〔図2〕ポリエチレンの袋　気体のエタノール　約90℃の湯

(2) 次の文の ① ， ② にあてはまるものを，次の**ア～ウ**からそれぞれ1つずつ選び，記号で答えなさい。

　　図2の気体のエタノールは，図1の液体のエタノールと比べると，質量は ① 。また，密度は ② 。

ア 大きい　　**イ** 小さい　　**ウ** 変わらない

(1)			
	(2)	①	②

〔山 口〕

---

3 [状態変化と温度]　次の実験について，あとの問いに答えなさい。

(7点×4－28点)

〔実験1〕　図1のように，水34cm³とエタノール6cm³の混合物，3個の沸騰石を丸底フラスコに入れ，弱い火で加熱して少しずつ気体に変化させた。

〔実験2〕　丸底フラスコ内の気体の温度を，温度計で1分ごとに測定した。下の表は，加熱した時間と丸底フラスコ内の気体の温度の関係を表したものである。また，気体がガラス管で冷やされてできた液体を試験管に集めるため，加熱を始めてから2分ごとに試験管を交換した。

〔図1〕温度計　丸底フラスコ　ガラス管　試験管　水とエタノールの混合物　沸騰石　水

加熱した時間〔分〕	0	1	2	3	4	5	6	7	8	9	10
温度〔℃〕	30	38	54	80	86	90	94	94	96	96	96

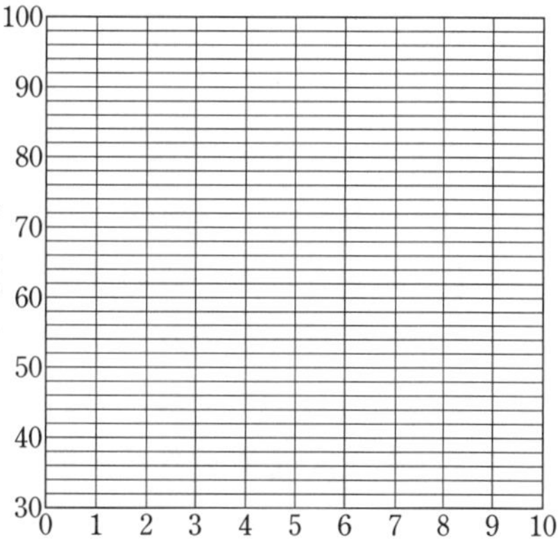

(1) 丸底フラスコに沸騰石を入れたのはなぜか。その理由を書きなさい。

(2) 上の表をもとにして，加熱した時間と温度の関係を表すグラフを図2に描きなさい。

〔図2〕

温度〔℃〕／加熱した時間〔分〕

(3) 下線部について，試験管に集めた気体に，細長く切ったろ紙片をひたしたあと，試験管からろ紙をとり出し，それぞれのろ紙に火を近づけた。このときのようすとして，最も適当なものを，右の**ア～エ**から1つ選び，記号で答えなさい。また，そのように判断した理由を書きなさい。

	加熱を始めてから4分から6分までの間に試験管に集めた液体にひたしたろ紙	加熱を始めてから8分から10分までの間に試験管に集めた液体にひたしたろ紙
ア	火がついた	火がついた
イ	火がついた	火がつかなかった
ウ	火がつかなかった	火がついた
エ	火がつかなかった	火がつかなかった

(1)			(2)（図に記入）	
				〔新 潟〕
(3)	記号	理由		

Step A 〉 Step B 〉 Step C-②

●時　間　45分　●得　点
●合格点　75点　　　　　　　点

解答▶別冊11ページ

重要 **1** 異なる3種類の水溶液A〜Cがあり，これらは炭酸水，アンモニア水，食塩水のいずれかである。A〜Cがどの水溶液かを調べるために，次のような実験をした。あとの問いに答えなさい。

(5点×5－25点)

〔実験1〕　A〜Cの一部をそれぞれ別の試験管にとり，右の図のような装置を用いて，出てくる気体のにおいと石灰水の変化を調べたところ，Aから出てきた気体にだけ刺激臭があり，Bから出てきた気体のときだけ石灰水が白く濁った。

〔実験2〕　A〜Cの一部をそれぞれ別の試験管にとり，フェノールフタレイン液を2，3滴ずつ加えるとAだけが赤い色になった。また，BとCの一部をそれぞれ別の青色のリトマス紙につけると，Bをつけた青色のリトマス紙は赤色に変わり，Cをつけた青色のリトマス紙の色は変わらなかった。

記述 (1) 実験1では，ガスバーナーの火を消すとき，その前に必ずガラス管を石灰水から出しておくようにする。その理由を簡単に書きなさい。

(2) 実験1で，Aから出てきた刺激臭のある気体は何か。気体名を答えなさい。

(3) 実験2で，Aが赤い色になったのは，液が何性であったためか答えなさい。

(4) 実験2で，Bをつけた青色のリトマス紙が赤色になったのは，液が何性であったためか答えなさい。

(5) 実験1，2以外の方法で，A〜Cがそれぞれどの水溶液かを調べるとき，最も適当な方法を次のア〜エから1つ選び，記号で答えなさい。

　　ア　A〜Cそれぞれの沸騰する温度を調べてみる。

　　イ　A〜Cそれぞれに電流が流れるかどうかを調べてみる。

　　ウ　A〜CそれぞれにBTB液を加えて色の変化を調べてみる。

　　エ　A〜Cそれぞれに炎色反応が見られるかどうか調べてみる。

〔香川－改〕

(1)	(2)	(3)	(4)	(5)

2 水溶液の濃度について，次の問いに答えなさい。

(5点×5－25点)

(1) 10%の砂糖水100gを20%の水溶液にするには，砂糖を何g加えて溶かせばよいか。

(2) 食塩水200gを蒸発皿に入れて，水分を蒸発させたら食塩の結晶が15g残った。

　　① 蒸発させる前の食塩水の濃度はいくらか。

　　② 蒸発皿に残った食塩を，再び水に溶かし，全体を100gにすると何%の食塩水になるか。

　　③ ②でできた食塩水の濃度を10%にするには，水，食塩のどちらを何g加えればよいか。

(3) 80℃で10%のホウ酸水溶液100gに，同じ温度であと何gのホウ酸を溶かすことができるか。80℃でのホウ酸の溶解度を23.5とし，四捨五入して小数第1位まで答えなさい。

(1)		(2)	①		②		③		(3)

3 次の実験について，あとの問いに答えなさい。　　　　　　　　（5点×5－25点）

〔実験〕　図1のように，2つのビーカーA，Bを用意し，それぞれに60℃の水100gを入れ，Aには食塩を30g，Bには固体の物質Xを30g加え，それぞれすべて溶かして水溶液をつくった。次に，A，Bの水溶液の温度をゆっくり下げ，溶けていた物質が溶けきれなくなって固体として出てくるようすを観察したところ，Bの水溶液では，おおよそ45℃から，溶けていた物質Xが少しずつ固体として出てきたが，Aの水溶液では，10℃まで下げても変化が見られなかった。

〔図1〕
食塩を30g　　物質Xを30g
ビーカーA　　60℃の水100g　　ビーカーB

(1) 図2は，4種類の物質について，水の温度と100gの水に溶ける物質の質量との関係をグラフに表したものである。食塩と物質Xのグラフはどれか。**ア～エ**からそれぞれ選びなさい。

(2) この実験のように水溶液の温度を下げて，物質Xを固体としてとり出す方法を何といいますか。

記述 (3) Aの水溶液から食塩をとり出す方法を簡潔に書きなさい。

(4) 50℃の水100gにグラフの**エ**の物質を溶かして飽和水溶液をつくった。この水溶液の温度を90℃まで上げると，あと何gまで**エ**の物質を溶かすことができますか。

〔図2〕

（縦軸）100gの水に溶ける物質の質量〔g〕
（横軸）水の温度〔℃〕
ア　イ　ウ　エ

(1)	食塩	物質X	(2)	(3)	(4)

〔北海道－改〕

4 右のグラフは，硝酸カリウムと塩化カリウムの溶解度を示したものである。溶解度は，水100gを飽和させるのに必要な溶質の質量を表す。また，溶解度は水中にあるほかの溶質の影響は受けないものとする。次の問いに答えなさい。

（5点×5－25点）

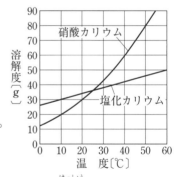
（縦軸）溶解度〔g〕
（横軸）温度〔℃〕
硝酸カリウム
塩化カリウム

(1) 40℃の水200gに硝酸カリウムを50g加えて，よくかき混ぜた。この水溶液にはあと何gの硝酸カリウムを溶かすことができますか。

(2) 50℃の水150gに硝酸カリウムを45g溶かした水溶液を冷却していくと，結晶が生じ始めるのは何℃ですか。

(3) 塩化カリウムの60℃での溶解度は50である。60℃のときの塩化カリウムの飽和水溶液の濃度を，小数第1位を四捨五入して答えなさい。

難 (4) 60℃の水200gに，硝酸カリウム50gと塩化カリウム50gを溶かした水溶液を10℃まで冷却したとき，それぞれの結晶は何g生じるか。最も近いものを**ア～オ**から1つずつ選びなさい。

ア 0g　　**イ** 10g　　**ウ** 20g　　**エ** 30g　　**オ** 40g

(1)	(2)	(3)	(4)	硝酸カリウム	塩化カリウム

〔高知学芸高－改〕

Step A 〉 Step B 〉 Step C-❸

●時 間 30分	●得 点
●合格点 75点	点

解答▶別冊12ページ

1 エタノールと水を用いて，次の実験を行った。あとの問いに答えなさい。

ただし，Aはエタノール，Bは水，Cは同じ質量のエタノールと水を混ぜた

ものである。 (7点×6 - 42点)

〔図1〕

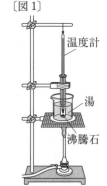
温度計
湯
沸騰石

〔実験1〕 図1のように，Aを5cm³入れた試験管を湯の中で加熱して，加
熱時間と温度変化を調べた。B，Cに
ついても同様に調べた。

〔図2〕

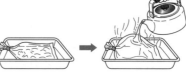

〔実験2〕 図2のように，Aを10cm³入
れて密閉したポリエチレンの袋に熱い
湯をかけたところ大きくふくらんだ。

〔実験3〕 A～Cをそれぞれ20cm³ずつと
り，液体の質量をはかった。次に，A～
Cの入っている試験管の中に2種類のプ
ラスチックの小片D，Eをそれぞれ1つ
ずつ入れた。右の表は，これらの結果を
示している。

液体	液体20cm³の質量〔g〕	プラスチックのようす
A	15.8	D，Eともに沈む
B	20.0	D，Eともに浮く
C	18.4	Dは浮くが，Eは沈む

(1)図1で，Aを入れた試験管を湯の中で加熱しているのはなぜか。Aの性質に関連づけて，その
理由を書きなさい。

(2)実験1で調べた，AとCの温度変化を表したグラフとして最も適するものを，次の**ア～エ**から
それぞれ選び，記号で答えなさい。

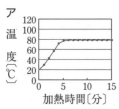
ア 温度〔℃〕 加熱時間〔分〕

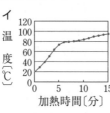
イ 温度〔℃〕 加熱時間〔分〕

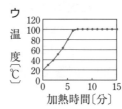
ウ 温度〔℃〕 加熱時間〔分〕

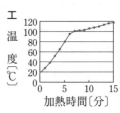
エ 温度〔℃〕 加熱時間〔分〕

(3)実験2で，ポリエチレンの袋が大きくふくらんだ理由を，次の**ア～エ**から1つ選び，記号で答
えなさい。

ア Aをつくっている粒子1個の大きさと質量が大きくなったから。

イ Aをつくっている粒子の総数が増加したから。

ウ Aをつくっている粒子と粒子の間隔が広くなり，粒子が結びついたから。

エ Aをつくっている粒子と粒子の間隔が広くなり，粒子は自由に飛びまわっているから。

(4)実験3で，エタノールと水の混合液Cの密度はいくらか。

(5)実験3の結果をもとに，A～Eを密度の大きい順に並べて記号で書きなさい。

(1)					
(2)	A　　　　C	(3)	(4)	(5)	

〔秋田-改〕

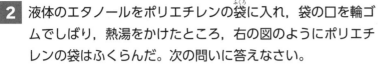
2 液体のエタノールをポリエチレンの袋に入れ，袋の口を輪ゴムでしばり，熱湯をかけたところ，右の図のようにポリエチレンの袋はふくらんだ。次の問いに答えなさい。

(8点×2－16点)

(1) 温度によって物質のすがたが変化することを何というか。答えなさい。

(2) ポリエチレンの袋の中にあるエタノールの状態変化を，粒子モデルを使って次のように説明した。文中の ① ， ② にあてはまる語句の組み合わせとして正しいものを，右のア〜エから1つ選び，記号で答えなさい。

	①	②
ア	大きさは大きくなり	小さくなる
イ	大きさは大きくなり	変わらない
ウ	運動は激しくなり	小さくなる
エ	運動は激しくなり	変わらない

ポリエチレンの袋の中にある液体のエタノールが気体になると，粒子の ① ，体積は増加し，密度は ② 。

(1)	(2)

〔埼玉－改〕

3 図1のような装置を用いて，水とエタノールの混合液（混合物）からエタノールをとり出すための実験を行った。図2はXの部分を拡大したものである。図3のグラフは，枝つきフラスコ内の温度と加熱時間の関係を表している。あとの問いに答えなさい。

(7点×6－42点)

〔図1〕
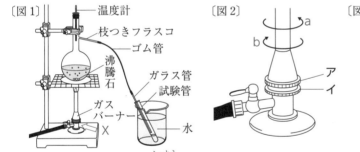
温度計
枝つきフラスコ
ゴム管
沸騰石
ガラス管
試験管
ガス
バーナー
水
X

〔図2〕
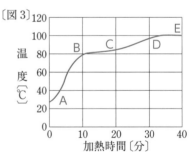

(1) 図1のように，混合液を沸騰させ，出てくる気体を冷やして液体としてとり出す方法を何といいますか。

(2) ガスバーナーの炎の色から空気の量が少ないことがわかった。図2で，空気の量をふやすときの正しい操作について，次の文の ◯◯◯ 内のどちらかを選んで正しい文にしなさい。
① ア，イ をおさえて，② ア，イ だけを矢印 ③ a，b の方向に回す。

(3) 最も多くの量のエタノールが得られるのは，図3のグラフのどの部分になるか。次のア〜エから1つ選びなさい。

ア AB間　イ BC間　ウ CD間　エ DE間

(4) 図3のグラフを見て，エタノールの沸点と考えられる温度を，次のア〜エから1つ選びなさい。
ア 約50℃　イ 約80℃　ウ 約90℃　エ 約100℃

(1)		(2)	①	②	③	(3)	(4)

〔長崎－改〕

8 生物の観察

Step A 〉 Step B 〉 Step C

解答▶別冊 13 ページ

1 いろいろな植物と生えている場所

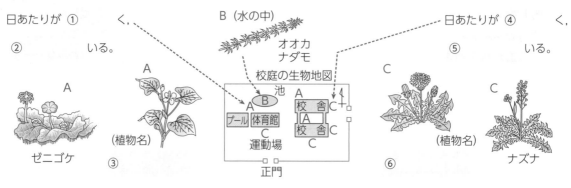

日あたりが ①　　　く，
②　　　　　　いる。

A

A

（植物名）
③

ゼニゴケ

B（水の中）

オオカ
ナダモ

校庭の生物地図

池
A B
プール 体育館
C
運動場

正門

A
校　舎
A
校　舎

C
C

日あたりが ④　　　く，
⑤　　　　　　いる。

C

C

（植物名）
⑥

ナズナ

2 スケッチのしかた （例　タンポポの花の1つ）

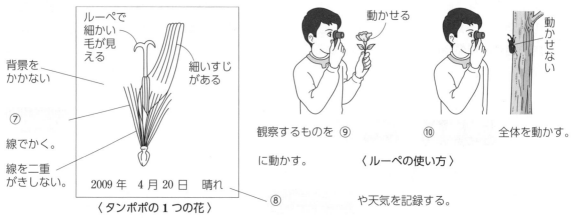

ルーペで
細かい
毛が見
える

細いすじ
がある

背景を
かかない

⑦

線でかく。

線を二重
がきしない。

2009 年　4 月 20 日　晴れ

〈タンポポの1つの花〉

⑧

動かせる

観察するものを ⑨

に動かす。

⑩

〈ルーペの使い方〉

や天気を記録する。

動
か
せ
な
い

全体を動かす。

3 顕微鏡のつくり （各部分の名称を答えなさい。）

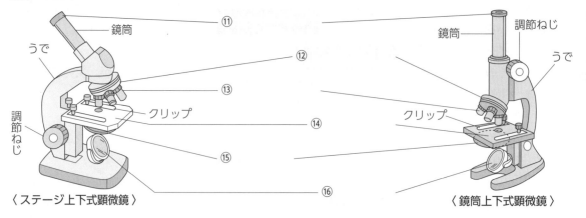

鏡筒

⑪

⑫

⑬

クリップ

⑭

⑮

⑯

〈ステージ上下式顕微鏡〉

鏡筒　調節ねじ

うで

クリップ

調節
ねじ

うで

〈鏡筒上下式顕微鏡〉

調節
ねじ

▶次の[ ]にあてはまる語句や数値，記号を入れなさい。

4 顕微鏡の使い方

① 顕微鏡は，[⑰]のあたらない明るい窓ぎわや光源のそばの水平な場所に置く。

② 倍率＝接眼レンズの倍率[⑱]対物レンズの倍率

③ 観察しようとする物体は，[⑲]の上にのせ，水を1滴落として[⑳]でおおう。このとき，気泡が入らないように注意する。こうしてできたものを[㉑]という。

④ 顕微鏡の観察手順

1．[㉒]をとりつける。

2．[㉓]をとりつける。

3．反射鏡の角度を調節する。しぼりはいちばん大きくする。

4．プレパラートをステージにのせる。

5．横から見ながら調節ねじを回して，対物レンズとプレパラートを[㉔]ける。

6．調節ねじを反対に回してピントを合わせる。しぼりを変えて明るさを調節する。

5 双眼実体顕微鏡の使い方

20 ～ [㉕]倍にして，立体的に観察するのに適している。次のア～ウを正しい観察手順に並べると[㉖]になる。

ア 視度調節リングで，左目のピントを合わせる。

イ 鏡筒の間隔を調節する。

ウ 鏡筒を上下させ，右目でピントを合わせる。

ア　　　　　イ　　　　　ウ

6 水たまりの生物

① [㉗]は，からだ全体の繊毛とよばれる微小な毛を使って，からだを回転させながらすばやく動く。

② [㉘]は，頭部についている1本のべん毛を使って泳ぎ，体内には葉緑体をもち，光合成を行う。

③ [㉙]は，からだ全体を変形させて動いたり，えさを捕えたりする。

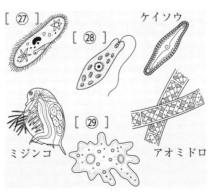

[㉗]　ケイソウ
[㉘]
ミジンコ　[㉙]　アオミドロ

⑰ _____

⑱ _____

⑲ _____

⑳ _____

㉑ _____

㉒ _____

㉓ _____

㉔ _____

㉕ _____

㉖ _____

㉗ _____

㉘ _____

㉙ _____

Step A　Step B　Step C

●時間 40分　●得点
●合格点 75点　　　　点

解答▶別冊 13 ページ

重要 **1** [顕微鏡の使い方]　次の問いに答えなさい。
(6点×5－30点)

(1) 右の図のA～Cの名称を書きなさい。

(2) 右の図の顕微鏡で観察するときの使い方について，次の**ア～エ**を正しい手順になるように並べなさい。

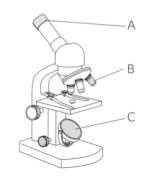

　　ア　Aをのぞきながら調節ねじを回し，ピントを合わせる。

　　イ　AをのぞきながらCを動かし，視野が明るくなるようにする。

　　ウ　ステージにプレパラートをのせ，クリップでとめる。

　　エ　横から見ながら調節ねじを回し，Bとプレパラートの距離を近づける。

(3) 右の図の顕微鏡で，倍率を 150 倍に拡大して観察する。このとき使用するAとBの倍率の組み合わせとして正しいものを，次の**ア～ウ**から１つ選び，記号で答えなさい。

　　ア　倍率が 10 倍のAと，倍率が 15 倍のB

　　イ　倍率が 50 倍のAと，倍率が 100 倍のB

　　ウ　倍率が 150 倍のAと，倍率が 150 倍のB

(1)	A	B	C	(2)	(3)

2 [水中の小さな生物]　下の図のA～Eは，水中の小さな生物を顕微鏡で観察し，スケッチしたものである。次の問いに答えなさい。
(5点×8－40点)

A 　B 　C 　D 　E

(1) A～Eの生物名を書きなさい。

(2) 葉緑体をもち，光合成をして自分で養分をつくることができる生物はどれか。A～Eからすべて選び，記号で答えなさい。

(3) 自分で動き回ることのできる生物はどれか。A～Eからすべて選び，記号で答えなさい。

(4) 顕微鏡の倍率を 400 倍にして観察したCと，倍率を 40 倍にして観察したDはほぼ同じ大きさに見えた。実際に大きいのはCとDのどちらか，記号で答えなさい。

(1)	A	B	C	D	E

(2)		(3)		(4)	

3 [植物の観察] ある春の日，図1に示すA～Dのそれぞれの区域に生息している植物のうち，3種類について調査した。その結果をまとめたものが表および図2である。次の問いに答えなさい。

(5点×4－20点)

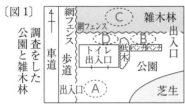

〔図1〕

〔表〕4つの区域の環境の比較と生息している植物の有無

区　域		A	B	C	D
環境	地面付近の日あたり	よい	よい	悪い	悪い
	土の湿り気	少ない	少ない	やや多い	多い
植物	タンポポ	○	○	△	△
	オオバコ	○	×	×	×
	ハルジオン	×	○	×	×

記述
(1) ハルジオンを観察したところ，葉のつき方に共通した特徴（とくちょう）があることに気づいた。図3は，あるハルジオンの葉のつき方を模式的に表したものである。葉のつき方がこのようになっていることは，ハルジオンが生活していくうえで，どのような利点があると考えられますか。

〔図2〕 3種類の植物のスケッチ

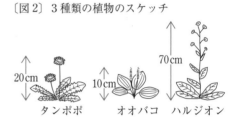

20cm　タンポポ　10cm　オオバコ　70cm　ハルジオン

(2) 調査をもとに考察したことを，次のようにまとめた。文中の ① にあてはまる植物名を書きなさい。また， ア ・ イ にあてはまる区域を，A～Dから選びなさい。

① は，地面付近の日あたりや土の湿り気（しめ）が同じ条件でも， ア の区域には生息しているが，人がよく通ると思われる イ の区域には生息していない。

〔図3〕ハルジオンの葉のつき方の模式図（上から見たもの）

(1)			
(2)	①	ア	イ

〔群馬－改〕

4 [顕微鏡（けんびきょう）の操作] 次のA～Dは，下の図のような標本を観察するときの顕微鏡の操作方法の一部である。あとの問いに答えなさい。

(5点×2－10点)

A　対物レンズをレボルバーにとりつける。
B　視野全体が一様な明るさになるように反射鏡を調節する。
C　調節ねじを回して，プレパラートと対物レンズの間隔（かんかく）をできるだけせまくする。
D　調節ねじを回して，プレパラートと対物レンズの間隔を広げながら，ピントを合わせる。

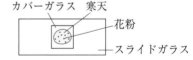

カバーガラス　寒天
花粉（かふん）
スライドガラス

(1) A～Dのうち，接眼レンズをのぞきながら行う操作はどれか。最も適当なものを，次のア～シから1つ選び，記号で答えなさい。

ア　A，B，C，D　　イ　A，B，C　　ウ　A，C，D　　エ　B，C，D
オ　A，B　　カ　B，C　　キ　B，D　　ク　C，D
ケ　A　　コ　B　　サ　C　　シ　D

(2) 顕微鏡の観察で用いる，図のような標本を何というか。

(1)	(2)

〔愛知B－改〕

花のつくりとはたらき

Step A 〉 Step B 〉 Step C 〉

1 タンポポの花と実(花のつくりの名称)

解答▶別冊13ページ

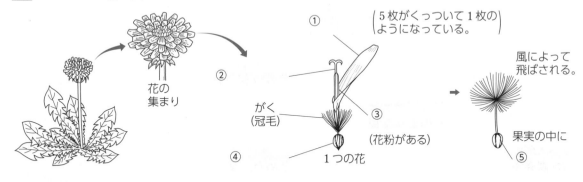

花の集まり

① (5枚がくっついて1枚のようになっている。)

②

がく(冠毛)

③

④ 1つの花 (花粉がある)

風によって飛ばされる。

⑤ 果実の中に

2 マツの花(花のつくりの名称)

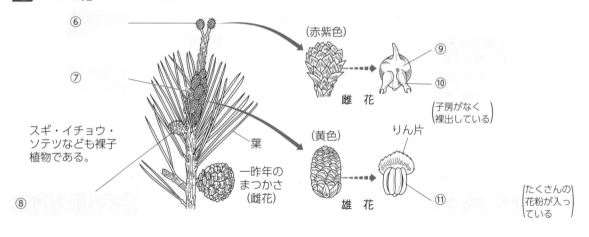

⑥

⑦

スギ・イチョウ・ソテツなども裸子植物である。

⑧

葉

一昨年のまつかさ(雌花)

(赤紫色) 雌花

⑨

⑩

(子房がなく裸出している)

(黄色) 雄花

りん片

⑪

(たくさんの花粉が入っている)

3 種子植物(被子植物)のつくりとふえ方

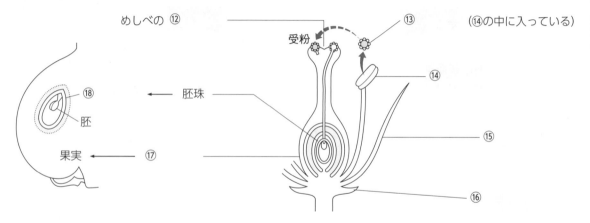

めしべの ⑫

受粉

⑬

(⑭の中に入っている)

⑭

胚珠

⑱

胚

⑮

果実 ← ⑰

⑯

▶次の[　]にあてはまる語句を入れなさい。

4 被子植物——アブラナとツツジ

① 種子植物には，胚珠が[⑲　　]でおおわれている
[⑳　　]と，[⑲]でおおわれていない[㉑　　]が
ある。

② [㉒　　]のなかまの双子葉類は[㉓　　]のつき方で，
大きく2つに分けられる。

アブラナ

　アブラナやエンドウの花のように[㉓]の根元が
離れているなかま(離弁花類)とツツジやアサガオの
花のように，[㉓]の根元がくっついているなかま
(合弁花類)がある。

③ 基本的な花のつくりは，[㉔　　]を中心にして，お
しべ，[㉕　　]，がく(がく片)の順で，[㉔]をとり囲むような形に
なっている。

ツツジ

④ 花は，[㉖　　]をつくり，子孫をふやすはたらきを行っている。

5 裸子植物

① マツやスギ・イチョウ・ソテツなどのなかまの花には，子房がなく，
[㉗　　]が裸になって外に出ている。そのために，これらのなかまを
[㉘　　]という。果実はできないが種子はつくられる。

② 裸子植物の花には，ふつう花びら(花弁)はなく，雄花と[㉙　　]が別々
の枝につくものや，雄株と雌株に分かれているものがある。

6 種子植物のふえ方

① 種子植物は[㉚　　]をつくってふえる。

② 種子植物は，おしべの[㉛　　]内の精細胞とめしべの胚珠の中にある
卵細胞によって[㉜　　]をつくる。

③ めしべの柱頭におしべの花粉がつくことを[㉝　　]という。

④ 受粉後，やがて胚珠
は[㉞　　]になり，子
房は[㉟　　]になる。

⑤ 種子には，胚乳があ
るものとないものが
あり，エンドウなど
のマメ科植物では胚
乳がなく，[㊱　　]
に養分を蓄えている。

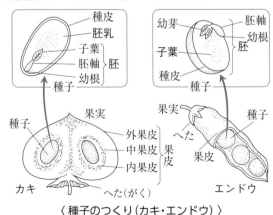

〈種子のつくり(カキ・エンドウ)〉

⑲
⑳
㉑
㉒
㉓
㉔
㉕
㉖
㉗
㉘
㉙
㉚
㉛
㉜
㉝
㉞
㉟
㊱

Step A 〉 Step B-① 〉 Step C

●時間 40分	●得点
●合格点 75点	点

解答▶別冊 14 ページ

1 [エンドウの花の観察]　エンドウの花のつくりを観察した。右の図は，エンドウの花の断面の模式図である。次の問いに答えなさい。

(5点×3－15点)

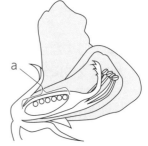

(1) 次の文中の（　　　）にあてはまる語句を書きなさい。

　　エンドウは受粉すると，やがて，胚珠は種子になる。また，図のaで示す，胚珠を包んでいる（　①　）は果実になる。エンドウのように胚珠が（　①　）の中にある植物を，（　②　）植物という。

記述 (2) エンドウのような花のつくりをした植物の受粉とはどのようなことか。簡潔に書きなさい。

〔福岡－改〕

2 [花のつくりとふえ方]　図1は「大阪府の花」であるウメの花の断面を，図2は「大阪府の木」になっているある裸子植物の花をそれぞれスケッチしたものである。次の問いに答えなさい。

(5点×6－30点)

〔図1〕

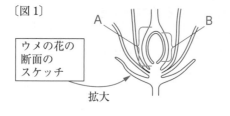

〔図2〕

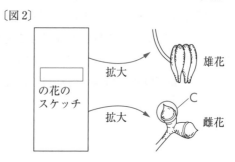

(1) 図2の□□□に植物名を書きなさい。

(2) 次の文中の□□□に適切な語を書き，〔　　〕は適切なものを1つずつ選び，記号で答えなさい。

　　被子植物の花にはめしべとおしべがあり，めしべの柱頭におしべの花粉がつくことは□①□とよばれている。ウメは被子植物であり，図1中のAで示した部分は，子房とよばれ，やがて果実になる。図1中のBで示した部分は，子房の中にあり□②□とよばれ，やがて種子になる。

　　一方，図2の裸子植物中のCで示した部分は，③〔ア　図1中のAで示した部分　　イ　図1中のBで示した部分〕と同じ名称でよばれ，むき出しのままついている。

　　この部分が，やがて④〔ウ　果実　　エ　種子〕になり，その一部が食用となる。

(3) 次のうち，裸子植物はどれか。すべて選び，記号で答えなさい。

　　ア　マ　ツ　　　**イ**　ユ　リ　　　**ウ**　エンドウ
　　エ　アサガオ　　　**オ**　ソテツ

(1)		(2)	①	②	③	④	(3)

〔大阪－改〕

3 [ツツジの花のつくり] 花のつくりを調べるために，ツツジの花をはがして，部分ごとに観察した。次の図はそのときのスケッチで，ア～エは，花弁，がく，おしべ，めしべのいずれかである。あとの問いに答えなさい。 (5点×4－20点)

ア  　イ 　ウ 　エ

重要 (1) 図の**ア～エ**を，花の外側にあるものから順に並べ，記号で答えなさい。

(2) 図で，受粉すると，成長して果実になる部分として適切なものを，A～Cから1つ選び，記号で答えなさい。また，その部分の名称を書きなさい。

(3) ツツジの花は，花弁が1つにくっついている。花弁のようすがツツジと同じなかまとして適切なものを，次の**ア～エ**からすべて選び，記号で答えなさい。

ア サクラ 　イ アサガオ 　ウ アブラナ 　エ タンポポ

(1)		(2)	記号	名称	(3)

〔大　分〕

4 [アブラナとマツの花のつくり] 図1は，アブラナの花の縦断面を，図2はマツの一部を表した模式図である。これについて，次の問いに答えなさい。 (5点×7－35点)

(1) アブラナの花のつくりa～dの名称を書きなさい。

(2) アブラナの花で，受粉した後，やがて果実になるのはどの部分か。図1のa～dのうちから最も適当なものを選びなさい。

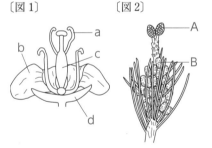

〔図1〕 〔図2〕

(3) マツの花で，図3のような花粉のうのついたりん片が見られた。このりん片が見られるのは，図2のA，Bのどちらの部分で，それは何という名称か。次の**ア～エ**から1つ選びなさい。

〔図3〕 りん片 / 花粉のう

ア Aの部分，雄花 　イ Aの部分，雌花
ウ Bの部分，雄花 　エ Bの部分，雌花

(4) アブラナもマツも花が咲き，種子ができる植物である。このような植物を総称して何というか。名称を書きなさい。

(1)	a	b	c	d	(2)	(3)
(4)						

〔千葉－改〕

Step A ▷ Step B-② ▷ Step C

●時 間 40分　●得 点
●合格点 75点　　　　点

解答▶別冊 14 ページ

1 [裸子植物]　次の文を読んで，あとの問いに答えなさい。　　　　　　(5点×9 − 45点)

　　マツは松竹梅という 3 つのおめでたい植物の 1 つに数えられ，正月には門松として飾りものにする。日本にはいろいろなマツの種類があるが，最も一般的なのはクロマツとアカマツである。クロマツは　 A 　が，アカマツはどこの山野でも見られる。

　　クロマツの花はいわゆる「はだか花」で，花びらをもっていない。四月ごろ，まっすぐに立った新しい枝の先に赤紫色の　 a 　の花穂を数個つける。　 a 　の 1 つのりん片にある〔あ 1 つ・2 つ・3 つ・4 つ〕の　 b 　は外にむき出しになっている。このような植物を裸子植物とよんでいる。マツのほか〔　B　〕も裸子植物である。枝の下にはたくさんの　 c 　の花穂が束になってついている。　 c 　の花穂はたまご形で，その①粉袋から黄色い②花粉をはきだす。この花粉は風で飛び散って黄色い砂ぼこりのように見える。花が終わると，丸い実を結ぶが，その中に数多くの③種をつくる。種もまた風に乗って飛び散る。アカマツの花のしくみもクロマツの場合と同じである。

（『牧野富太郎植物記』より）

(1)　 A 　に，クロマツが自然に生えている場所を表す文を，**ア〜エ**から 1 つ選びなさい。
　　ア　高山にしか生えていない　　**イ**　主に海岸近くに生えている
　　ウ　中部地方以北にしか生えていない　　**エ**　主に水分の多い沼地に生えている

(2)　 a 　〜　 c 　に適する語を，**ア〜オ**からそれぞれ 1 つずつ選び，記号で答えなさい。
　　ア　胚のう　　**イ**　胚珠　　**ウ**　子房　　**エ**　雄花
　　オ　雌花

(3)　下線部①について，この粉袋のことを何というか。その名称を答えなさい。

(4)　下線部②，③について，クロマツの花粉とクロマツの種を，右の図の**ア〜ク**からそれぞれ 1 つずつ選び，記号で答えなさい。

(5)　〔　あ　〕から，最も適するものを選びなさい。

(6)　〔　B　〕に適する植物を，**ア〜コ**からすべて選び，記号で答えなさい。

ア　　　　イ　　　　ウ　　　　エ
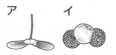

オ　　　　カ　　　　キ　　　　ク

ア スギナ　　**イ** ヒノキ　　**ウ** クルミ　　**エ** カ シ　　**オ** ソテツ　　**カ** ワラビ
キ ク リ　　**ク** タ ケ　　**ケ** イチョウ　　**コ** ブ ナ

〔洛南高−改〕

2 [花のつくりとはたらき]　下の図は，ある植物の花を外側から順にはがして，左から並べてスケッチしたものである。あとの問いに答えなさい。

(4点×5 − 20点)

A　　　　　　　　　　花弁　　　　　　　　おしべ　　めしべ

(1) 図の花をもつ植物は何か。次の**ア〜エ**から1つ選びなさい。

  ア サクラ　**イ** ツツジ　**ウ** アブラナ　　**エ** エンドウ

(2) 図のＡは何か。その名称を書きなさい。

(3) めしべを図の ☐ に簡単に図示しなさい。

記述
(4) 種子植物には，図のようなつくりの花びらをもつものと，それとは異なるつくりの花びらをもつものとがある。それらのつくりの違いについて簡潔に書きなさい。

(5) 花粉がめしべの柱頭について受粉するとき，花粉からのびた花粉管の中を通った核は，胚珠の中の何という細胞の核と合体しますか。

(1)	(2)	(3)（図に記入）	
(4)			(5)

〔佐賀−改〕

3 [被子植物のなかま]　4種類の野草の観察結果を下の表にまとめた。あとの問いに答えなさい。

(5点×7−35点)

野草の名まえ	分類上の特徴		気づいたこと
	葉脈	根	
ハコベ	網状脈	主根と側根	花びらが1枚ずつ離れている。1枚の花びらが深く切れこんで2枚に見える。
オオイヌノフグリ	（ Ｘ ）	（ Ｙ ）	花びらが互いにくっついている。
スズメノカタビラ	平行脈	ひげ根	小さな花が重なってついている。どの部分が花びらかはっきりわからない。
ナズナ	網状脈	主根と側根	花びらが1枚ずつ離れている。茎の先につぼみがあり，つぼみの近くでは花が咲き，その下のほうには三角形の果実がついている。

(1) ハコベの花を，外側にあるものから中心へ向けて順にピンセットで分解した。おしべ，めしべ，花びら，がくを花の外側からついている順に並べて書きなさい。

(2) オオイヌノフグリは合弁花類に分類される。

  ① 表中の（ Ｘ ），（ Ｙ ）に入れるのに適している言葉をそれぞれ書きなさい。

  ② 次の**ア〜オ**のうち，合弁花類に分類される植物をすべて選び，記号で答えなさい。

    ア エンドウ　**イ** ツツジ　**ウ** ユリ　**エ** アサガオ　**オ** アブラナ

(3) ナズナの果実をルーペで観察すると，果実にはめしべの柱頭が残っていた。ナズナの果実は，受粉前に何とよばれていた部分が成長したものと考えられますか。

(4) 野草の花粉を，右の図のようにスライドガラス上の液体に筆でまいて，花粉管がのびるようすを観察することにした。この観察を行うときに，めしべの柱頭とよく似た状態をつくるために用いる液体として適するものを次の**ア〜エ**から1つ選び，記号で答えなさい。

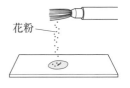

花粉

  ア 酢酸オルセイン液　**イ** ヨウ素液　**ウ** 塩酸　**エ** 砂糖水

(5) 被子植物の受粉においては，おしべから出た花粉がめしべの柱頭につく。裸子植物の受粉においては，雄花から出た花粉は雌花のどこにつくか。その部分の名称を書きなさい。

(1)			(2) ①	Ｘ	Ｙ
②	(3)	(4)	(5)		

〔大阪−改〕

10 植物のなかま分け

Step A 〉 Step B 〉 Step C

1 花の咲く植物(種子植物)

解答▶別冊 15 ページ

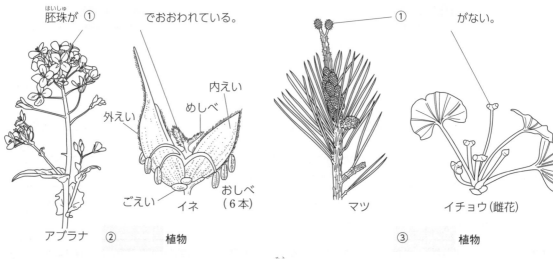

胚珠が ①　でおおわれている。

内えい
めしべ
外えい
ごえい　イネ　おしべ（6本）

アブラナ　② 植物

① がない。

マツ　イチョウ(雌花)

③ 植物

2 花の咲かない植物(シダ植物, コケ植物)と藻類

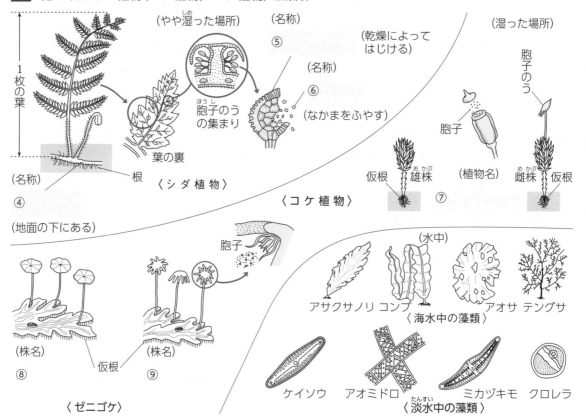

(やや湿った場所)　(名称)
⑤
(乾燥によって
はじける)　(湿った場所)

胞子のう

1枚の葉

(名称)
⑥
(なかまをふやす)

胞子のうの集まり

胞子

仮根 雄株　(植物名)　雌株 仮根

葉の裏

(名称)　根　〈シダ植物〉

⑦

〈コケ植物〉

④

(地面の下にある)

胞子

(株名)　仮根　(株名)

⑧　⑨

〈ゼニゴケ〉

(水中)

アサクサノリ コンブ　アオサ テングサ

〈海水中の藻類〉

ケイソウ アオミドロ　ミカヅキモ クロレラ

〈淡水中の藻類〉

▶次の[　　]にあてはまる語句を入れなさい。

3 種子をつくる植物(被子植物・裸子植物)

① 種子植物には，[⑩　　　]がむき出しになっている裸子植物と，[⑩]が[⑪　　　]に包まれている被子植物がある。

② 被子植物には，種子が発芽するとき，子葉が1枚の[⑫　　　]と子葉が2枚の[⑬　　　]がある。

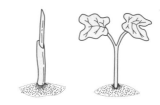

〈単子葉類の発芽〉〈双子葉類の発芽〉

③ 双子葉類の根は[⑭　　　]と側根からなり，葉脈は[⑮　　　]脈になっている。また，花びら・おしべの数は，4または5の倍数が多く，花びらがくっついている[⑯　　　]類(ツツジ・アサガオ・タンポポなど)と花びらが離れている[⑰　　　]類(サクラ・エンドウ・アブラナなど)に分けられる。

④ 単子葉類の根は[⑱　　　]，葉脈は[⑲　　　]脈になっている。(イネ・ツユクサ・ユリなど)また，花びら・おしべの数は，3の倍数が多く，双子葉類のように合弁花・離弁花類という分類はしない。

4 種子をつくらない植物(シダ植物・コケ植物)と藻類

① 種子ではなく，[⑳　　　]でなかまをふやす植物には[㉑　　　]植物・[㉒　　　]植物がある。ケイソウなどの単細胞の藻類には[⑳]や分裂でふえるものもある。

② 種子植物と同じく，[㉓　　　]をもち[㉔　　　]を行い，自身で栄養分をつくることができる。

③ 根・茎・葉の区別がある[㉕　　　]植物は，根から水や養分を吸収する。根・茎・葉の区別がない[㉖　　　]植物や藻類は，からだの[㉗　　　]全体から水や養分を吸収している。

5 植物の分類

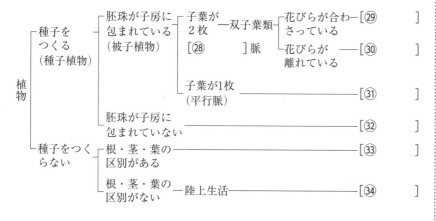

⑩
⑪
⑫
⑬
⑭
⑮
⑯
⑰
⑱
⑲
⑳
㉑
㉒
㉓
㉔
㉕
㉖
㉗
㉘
㉙
㉚
㉛
㉜
㉝
㉞

Step A　Step B-①　Step C

●時　間 45分　●得　点
●合格点 75点　　　　　点

解答▶別冊 15 ページ

1 [植物の分類]　ゼニゴケ，イヌワラビ，マツ，ユリ，アブラナを特徴A〜Dをもとに分類すると，図1のようになった。あとの問いに答えなさい。

(5点×5 − 25点)

〔図1〕
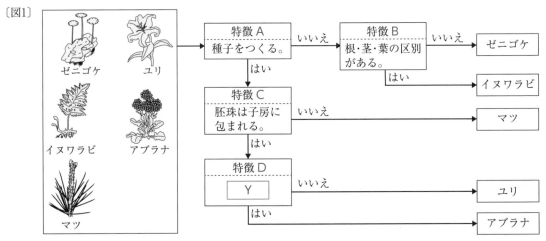

(1) 次の文中の ┃ X ┃ にあてはまる適当な言葉を書きなさい。

　　ゼニゴケやイヌワラビは，種子をつくらず，┃ X ┃のうの中でつくられる┃ X ┃でふえる。

(2) 次の文の（　）の中から，それぞれ適当なものを1つずつ選び，記号で答えなさい。

　　マツとユリの花のうち，雌花と雄花があるのは①（**ア**　マツ　　**イ**　ユリ）であり，その雄花には②（**ウ**　胚珠　　**エ**　花粉のう）がある。

(3) 図1のYにあてはまる特徴として，最も適当なものを次の**ア〜ウ**から1つ選び，記号で答えなさい。

　　ア　子葉は1枚である。　　**イ**　主根と側根をもつ。　　**ウ**　葉脈は平行脈である。

(4) アブラナを上から見ると，図2のように，葉が互いに重なり合わないよう　〔図2〕
についていることがわかる。このような葉のつき方には，栄養分をつくる
上でどのような利点があるか。「どの葉にも」という書き出しに続けて簡単
に書きなさい。

(1)		(2)	①	②	(3)

(4) どの葉にも

〔愛媛−改〕

2 [種子をつくらない植物]　次の問いに答えなさい。　(5点×3 − 15点)　〔図1〕

(1) 図1はイヌワラビのからだ全体を模式的に表したものである。図1の**ア〜エ**の中から，イヌワラビの茎として最も適切なものを1つ選び，記号で答えなさい。

(2) 図2は，種子をつくらない植物を，それぞれの特徴によって分類し，まとめたものである。図2の（　①　），（　②　）に適切な言葉を補い，図を完成させなさい。

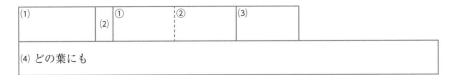

〔図2〕

種子をつくらない植物 ── ┬── （ ① ）植物 （胞子でふえる。／葉,茎,根の区別がない。）
　　　　　　　　　　　 └── （ ② ）植物 （胞子でふえる。／葉,茎,根の区別がある。）

(1)		(2)	①		②	

〔静　岡〕

3 [生物の分類]　図1は，生物を特徴にもとづいてそれぞれA〜Hのグループに分けたものである。この図について，あとの問いに答えなさい。

(4点×15 − 60点)

(1) 図1の（①）〜（④）に最も適する語をそれぞれ答えなさい。ただし，同じ番号には同じ語が入る。

(2) 図1のD，E，Fのグループは，それぞれ何植物とよばれますか。

(3) 次の@〜dの生物は，それぞれ図1のA〜Hのどのグループに属するか。それぞれ1つずつ選び，記号で答えなさい。
　　@　イチョウ　　　b　スギナ
　　c　コウボキン　　d　コムギ

(4) 図2は，4種類の植物の根，または根にあたる部分を表している。この中で，ワカメ，ワラビのものをそれぞれ1つずつ選び，記号で答えなさい。

(5) 図1のCのグループのなかまは，どのようにして，水や養分を吸収するか。簡潔に書きなさい。

(6) 図1のHに属する植物は，ある部分のつくりから，さらに右のaとbのグループに分けることができる。aのグループは何類とよばれるか，その名称を答えなさい。

〔図1〕

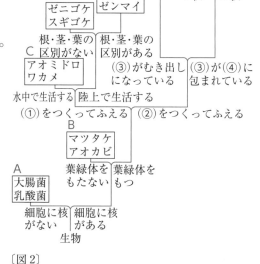

G ユリ ススキ
H サクラ アブラナ
F マツ スギ
子葉が1枚　子葉が2枚
E ワラビ ゼンマイ
D ゼニゴケ スギゴケ
根・茎・葉の区別がない　根・茎・葉の区別がある
C アオミドロ ワカメ
（③）がむき出しになっている　（③）が（④）に包まれている
水中で生活する　陸上で生活する
（①）をつくってふえる　（②）をつくってふえる
B マツタケ アオカビ
葉緑体をもたない　葉緑体をもつ
A 大腸菌 乳酸菌
細胞に核がない　細胞に核がある
生物

〔図2〕

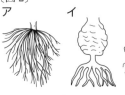
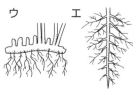

ア　イ　ウ　エ

| a | ヒマワリ　アサガオ　ツツジ　トマト　キュウリ |
| b | エンドウ　ツバキ　スミレ　バラ　シロツメクサ |

(1)	①		②		③		④	
(2)	D　　　　　植物		E　　　植物		F　　植物			
(3)	@	b	c	d	(4)	ワカメ	ワラビ	
(5)				(6)				

〔洛南高−改〕

Step A 〉 Step B-② 〉 Step C

●時 間 35分　●得 点
●合格点 75点　　　　点

解答▶別冊 15 ページ

1 [植物の分類]　図1と図2はそれぞれ，エンドウとイヌワラビのからだのつくりを，図3と図4はそれぞれ，スギゴケとゼニゴケの雄株と雌株のからだのつくりを観察し，スケッチしたものである。次の問いに答えなさい。　（9点×5－45点）

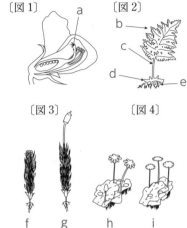

（1）図1のめしべの先端部分aは花粉がつきやすくなっていた。先端部分aの名称を書きなさい。

（2）図2のb〜eを葉，茎，根に区別すると，組み合わせはどのようになるか。次の**ア〜エ**から1つ選び，記号で答えなさい。

	葉	茎	根
ア	b	c	d, e
イ	b	c, d	e
ウ	b, c	d	e
エ	b, c	d, e	該当なし

（3）図3と図4のf〜iの中で雄株はどれか。次の**ア〜エ**の中から，雄株の組み合わせとして正しいものを1つ選び，記号で答えなさい。

ア fとh　**イ** fとi　**ウ** gとh　**エ** gとi

重要 （4）エンドウ，イヌワラビ，スギゴケ，ゼニゴケを図5のように2つの観点で分類した。観点①と観点②にあてはまるものを，次の**ア〜カ**からそれぞれ1つずつ選び，記号で答えなさい。

〔図5〕

ア 子葉は1枚か，2枚か
イ 葉・茎・根の区別があるか，ないか
ウ 胚珠は子房の中にあるか，子房がなくてむき出しか
エ 花弁が分かれているか，くっついているか
オ 種子をつくるか，つくらないか
カ 葉脈は網目状か，平行か

(1)	(2)	(3)	(4)	①	②

〔福島－改〕

2 [植物の観察]　植物の葉のつくりを調べるために観察を行った。右の図は観察に用いた葉全体のスケッチである。次の問いに答えなさい。　（5点×2－10点）

（1）図に見られるような葉の表面のすじを何というか。書きなさい。

（2）観察に用いた植物の，子葉の数と根の特徴の組み合わせとして正しいものはどれか。右の表の**ア〜エ**から1つ選び，記号で答えなさい。

	ア	イ	ウ	エ
子葉の数	1枚	1枚	2枚	2枚
根の特徴				

(1)	(2)

〔石 川〕

3 [植物の観察] 図1はイヌワラビを観察したときのスケッチで，図2は植物の特徴をもとにグ
ループ分けして整理したものである。これらの図について，次の問いに答えなさい。

(9点×5 − 45点)

〔図1〕

〔図2〕

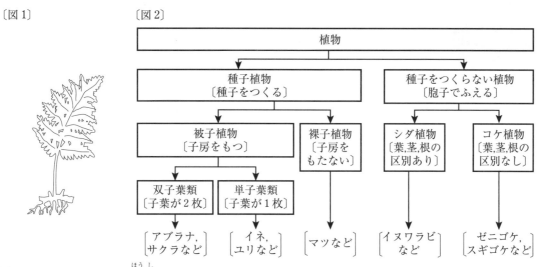

(1) 図1の葉の裏にある胞子のうの集まりをピンセットでとり，スライドガ 〔図3〕
ラスにのせる。これを，白熱電球で熱して乾燥させ，カバーガラスをか
けて双眼実体顕微鏡で胞子のうと胞子を観察した。図3は観察結果をス
ケッチしたものである。このとき，胞子のうを乾燥させるのは何のため
か，書きなさい。

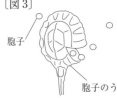

(2) 次の文中の①(　　　)，②(　　　)の中からそれぞれ正しいものを1つずつ選び，記号で答え
なさい。

> シダ植物には，イヌワラビのほかに①(**ア** スギナ　**イ** ソテツ)がある。また，シダ
> 植物と種子植物のうち，あとから地球上に現れた植物で，より陸上生活に適していると考
> えられるのは②(**ア** シダ植物　**イ** 種子植物)のほうである。

(3) 図2のそれぞれの植物について，からだのつくりの特徴に関して正しく説明しているものはど
れか。次の**ア〜カ**から2つ選び，記号で答えなさい。

ア 被子植物は，受粉すると，やがてめしべにある子房は種子になり，胚珠は果実になる。

イ 被子植物の双子葉類であるアブラナとサクラは，どちらも離弁花類である。

ウ 被子植物の単子葉類であるイネとユリは，どちらも主根と側根からなる根をもつ。

エ 被子植物と裸子植物は，葉脈が平行か網目状かという特徴でも分けることができる。

オ 裸子植物であるマツは，雄花と雌花をつくり，雄花の花粉のうの中には花粉が入っている。

カ コケ植物であるゼニゴケとスギゴケには雄株と雌株があり，雄株に胞子のうができる。

〔熊 本〕

11 動物のなかま分け

Step A 〉 Step B 〉 Step C

解答▶別冊 16 ページ

1 セキツイ動物のふえ方

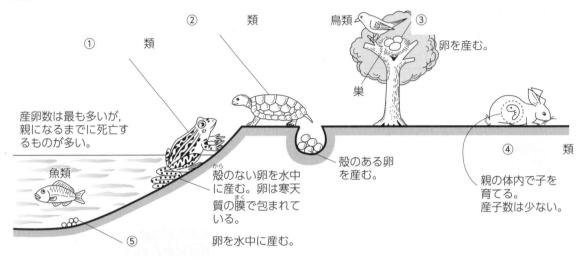

① ＿＿＿類

② ＿＿＿類

鳥類

③ 卵を産む。

巣

殻のある卵を産む。

④ ＿＿＿類

親の体内で子を育てる。産子数は少ない。

産卵数は最も多いが，親になるまでに死亡するものが多い。

魚類

殻のない卵を水中に産む。卵は寒天質の膜で包まれている。

卵を水中に産む。

⑤

2 ホ乳類の頭部のつくり

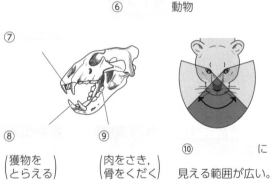

⑥ ＿＿＿動物

⑦

⑧

⑨

⑧ (獲物をとらえる)

⑨ (肉をさき，骨をくだく)

⑩ ＿＿＿に見える範囲が広い。

⑪ ＿＿＿動物

⑧

⑦ (草をかみ切る)

⑨ (草をすりつぶす)

⑩ ＿＿＿に見える範囲が狭い。

3 いろいろな無セキツイ動物

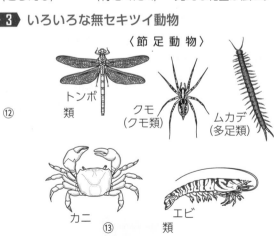

〈 節 足 動 物 〉

トンボ類

クモ（クモ類）

ムカデ（多足類）

⑫

カニ

⑬ ＿＿＿類（エビ類）

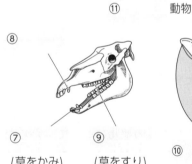

〈 ⑭ ＿＿＿ 〉

イカ

タコ

ハマグリ

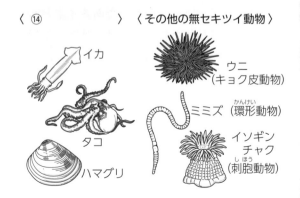

〈その他の無セキツイ動物〉

ウニ（キョク皮動物）

ミミズ（環形動物）

イソギンチャク（刺胞動物）

▶次の[　]にあてはまる語句を入れなさい。

4 動物のなかま

① からだの内部に骨格(内骨格)をもち，[⑮　　]をもつ動物をセキツイ動物といい，地球上に最初に現れたのは魚類で，[⑯　　]，[⑰　　]，鳥類，ホ乳類と現れた。内骨格に筋肉をつなぎ，さまざまな運動を行っている。

② 背骨をもたない動物をまとめて[⑱　　]という。からだのつくりや形はさまざまで，昆虫やエビ，カニなどのあしやからだはじょうぶな[⑲　　](外骨格)でおおわれている。そして，その内側についている[⑳　　]によって，活発な運動ができる。節のあるあしをもつことから[㉑　　]という。また，ミミズのように，殻のないやわらかい皮膚でおおわれ，からだじゅうの筋肉を[㉒　　]させて前進するものもある。

⑮ _____

⑯ _____

⑰ _____

⑱ _____

⑲ _____

⑳ _____

㉑ _____

㉒ _____

5 体温と周囲の温度

① 動物は，周囲の温度の影響を受けて体温を変化させる[㉓　　]と，自分自身の一定の体温を保ち，周囲の温度に左右されない[㉔　　]とに分けることができる。

② 変温動物にはセキツイ動物の[㉕　　]・[㉖　　]・[㉗　　]と[㉘　　]がある。

変温動物には，周囲の温度が高すぎたり，低すぎたりすると活動を行うことができず，夏眠や[㉙　　]するものがいる。

③ 恒温動物のなかまは，[㉚　　]・[㉛　　]であり，体表面を[㉜　　]や体毛でおおうことで体温の維持を行っている。

㉓ _____

㉔ _____

㉕ _____

㉖ _____

㉗ _____

㉘ _____

㉙ _____

㉚ _____

㉛ _____

㉜ _____

6 動物の分類

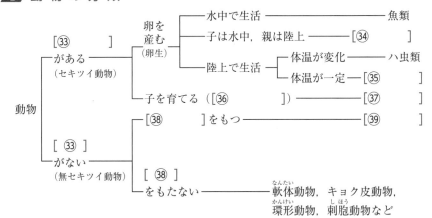

㉝ _____

㉞ _____

㉟ _____

㊱ _____

㊲ _____

㊳ _____

㊴ _____

Step A ▶ Step B-① ▶ Step C

●時間 40分　●得点
●合格点 75点　　　　　点

解答▶別冊 16 ページ

1 [セキツイ動物の骨格]　図1～3は，代表的なセキツイ動物の骨格を示している。次の問いに答えなさい。　　　　(5点×6 − 30点)

〔図1〕　　〔図2〕　　〔図3〕

(1) 図1～3は，どの動物のものか。それぞれ動物の分類名で答えなさい。

(2) これらの動物に関する特徴をa～jまであげた。あてはまるものをすべて選んだ組み合わせを**ア～ケ**より1つずつ選びなさい。

　a　恒温動物である。

　b　変温動物である。

　c　えら呼吸をする。

　d　幼生はえら呼吸をするが，成体(大人)は肺呼吸をする。

　e　肺呼吸をする。

　f　水中に 2500 ～ 8000 個の卵を産む。

　g　水中に 10 万～ 20 万個の卵を産む。

　h　陸上に殻のある卵を 1 ～ 2 個産む。

　i　胎生で，子供は母親から産まれるとしばらくして歩くことができる。

　j　胎生で，子供は産まれてからしばらくは母親の袋の中で育つ。

ア a，c，f　　**イ** a，e，h　　**ウ** a，e，i　　**エ** a，e，j　　**オ** b，c，f
カ b，c，g　　**キ** b，d，f　　**ク** b，d，g　　**ケ** b，e，h

(1)	図1	図2	図3	(2)	図1	図2	図3

2 [昆虫のからだのつくり]　右の図は，トノサマバッタをスケッチしたものである。これに関して，次の問いに答えなさい。

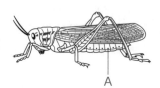

(4点×6 − 24点)

A

(1) トノサマバッタのからだは，3つの部分に分かれている。3つの部分の名称を書きなさい。

(2) 図のAで示した部分には穴が見られた。この部分の名称を書き，そのはたらきを，次の**ア～エ**から1つ選び，記号で答えなさい。

　ア　ふんを体外へ排出する部分

　イ　水をとり入れる部分

　ウ　空気を出し入れする部分

　エ　汗を体外へ排出する部分

(3) トノサマバッタと同じ節足動物のなかまを次の**ア～カ**からすべて選び，記号で答えなさい。

　ア ミジンコ　　**イ** ゾウリムシ　　**ウ** クラゲ　　**エ** クモ　　**オ** ミミズ　　**カ** アリ

(1)				(2)	名称	はたらき	(3)

3 [動物のからだのつくり]　次のA～Jの動物のからだのつくりや特徴(とくちょう)について、あとの問いに答えなさい。　　　　　　　　　　　　(5点×6－30点)

```
A ネコ    B カナヘビ    C ハト    D カエル
E フナ    F バッタ    G ミジンコ    H マイマイ
I ハマグリ    J ミミズ
```

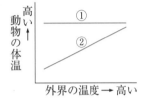

(1) A～Jの中から、右の①のグラフにあてはまる動物をすべて選び、記号で答えなさい。また、②のグラフのような体温変化をする動物を何というか。名称を答えなさい。

(2) A～Eの動物とF～Jの動物は、からだのつくりが違(ちが)っている。F～Jのような動物をまとめて何というか。名称を答えなさい。

(3) A～Jの中から、コウモリと同じなかまの動物を1つ選び、記号で答えなさい。

(4) FとGは、からだの表面がかたい殻(から)でおおわれている。これらの動物をまとめて何というか。名称を答えなさい。

(5) A～Jの中から、タコやイカと同じなかまの動物をすべて選び、記号で答えなさい。

(1)	記号	名称	(2)	(3)	(4)

(5)	

4 [動物の分類]　ブリ、カエル、トカゲ、スズメ、イヌの特徴について、いろいろな見方で調べたことを下の表にまとめた。あとの問いに答えなさい。　　　　　　　(4点×4－16点)

	ブリ	カエル		トカゲ	スズメ	イヌ
体表	うろこ	湿(しめ)った皮膚(ひふ)		うろこ	羽毛	毛
呼吸器官	えら	幼生 えら	成体 (X)	肺	肺	肺
子のうまれ方	卵生	卵生		卵生	卵生	胎生(たいせい)

(1) 調べた動物にはすべて背骨がある。背骨がある動物を何というか、書きなさい。

(2) 次の文は、カエルの呼吸のしかたについてまとめたものである。文中の(X)、(Y)に適切な言葉を書きなさい。なお、文中の(X)と表中の(X)には同じ言葉が入る。

　　カエルの成体は呼吸器官である(X)だけでなく、(Y)でも呼吸している。

(3) ほかの身近な動物としてコウモリについて調べた。その結果として正しいものはどれか、次のア～カからすべて選び、記号で答えなさい。

　ア　体表は湿った皮膚でおおわれている。

　イ　体表はうろこでおおわれている。

　ウ　体表は羽毛でおおわれている。

　エ　体表は毛でおおわれている。

　オ　子の生まれ方は卵生である。

　カ　子の生まれ方は胎生である。

(1)		(2)	X	Y	(3)

〔富　山〕

Step A 〉 Step B-② 〉 Step C

●時　間 35分	●得　点
●合格点 75点	点

解答▶別冊 16 ページ

1 [動物のからだのつくり]　見た目が似ているイモリとヤモリの特徴について調べ，次のようにまとめた。あとの問いに答えなさい。
(7点×4 – 28点)

○なかまのふやし方
・イモリとヤモリは，どちらも卵を産んでなかまをふやす。
・イモリの卵にはかたい殻がなく，寒天のようなもので包まれている。
・ヤモリの卵にはかたい殻がある。
○体表のようす
・イモリは湿ったうすい皮膚でおおわれている。
・ヤモリはうろこでおおわれている。
○呼吸のしかた
・イモリは，子のときはえらで呼吸をしているが，成長すると肺と皮膚で呼吸するようになる。
・ヤモリは，親も子も主に肺で呼吸する。

イモリ　　　ヤモリ

(1) イモリとヤモリは見た目は似ているが，異なるなかまである。ヤモリは，何類になかま分けできるか，答えなさい。

(2) イモリやヤモリのようななかまのふやし方を何というか，答えなさい。

(3) イモリとヤモリの特徴を比べ，生活の場所との関係を，次のようにまとめた。　①　にはイモリ，ヤモリのどちらかを入れ，　②　には適切な内容を入れなさい。

　　イモリとヤモリでは，　①　のほうが，より陸上生活に適した特徴をもっており，特に，　①　の卵や体表は，卵の内部や体内が　②　つくりになっている。

(1)	(2)	(3) ①	②

〔宮　崎〕

重要 **2** [動物のなかま分け]　下の表に示した動物を，下の図の▢▢で示したそれぞれの特徴をもとに，あてはまる場合は「はい」，あてはまらない場合は「いいえ」で分けていくと，図の a 〜 f のグループに分類することができる。このことについて，あとの問いに答えなさい。

(6点×6 – 36点)

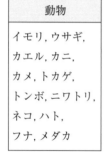

動物
イモリ，ウサギ，カエル，カニ，カメ，トカゲ，トンボ，ニワトリ，ネコ，ハト，フナ，メダカ

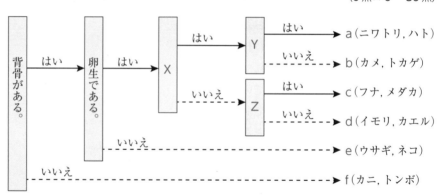

背骨がある。→（はい）卵生である。→（はい）X →（はい）Y →（はい）a（ニワトリ，ハト）／（いいえ）b（カメ，トカゲ）／（いいえ）Z →（はい）c（フナ，メダカ）／（いいえ）d（イモリ，カエル）／（いいえ）e（ウサギ，ネコ）／（いいえ）f（カニ，トンボ）

(1) 図の ［X］〜［Z］に入るそれぞれの特徴はどれか，次のア〜ウから最も適当なものをそれぞれ１つずつ選び，記号で答えなさい。

ア 体表が羽毛でおおわれている。

イ 一生えらで呼吸する。

ウ 卵に殻がある。

(2) 図のeのグループに分類される動物は，母親の体内である程度育ってから親と同じような姿で生まれる。このような生まれ方を何というか，その名称を書きなさい。

(3) 図のa〜fのグループのうち，まわりの温度が変化しても体温がほぼ一定に保たれる動物のグループはどれか，図のa〜fのグループから適当なものをすべて選び，記号で答えなさい。また，それらの動物を何動物というか，その名称を書きなさい。

(1)	X	Y	Z	(2)		(3)	記号	名称

〔三 重〕

3 ［無セキツイ動物］ 無セキツイ動物は，背骨をもたない動物で，セキツイ動物よりはるかに多くの種類があり，それぞれの特徴の違いから，図1のように分けられる。あとの問いに答えなさい。

（6点×6−36点）

〔図1〕無セキツイ動物の分類

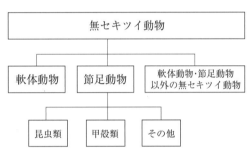

(1) ①「軟体動物」，②「節足動物」，③「軟体動物・節足動物以外の無セキツイ動物」として適切なものを，次のア〜カからそれぞれ2つずつ選び，記号で答えなさい。

ア アサリ
イ ウニ
ウ カニ
エ  タコ
オ ミジンコ
カ ミミズ

(2) 図2のように，昆虫類の胸部や腹部には気門がある。この気門のはたらきとして，最も適切なものを次のア〜エから1つ選び，記号で答えなさい。

〔図2〕
トノサマバッタのからだのつくり

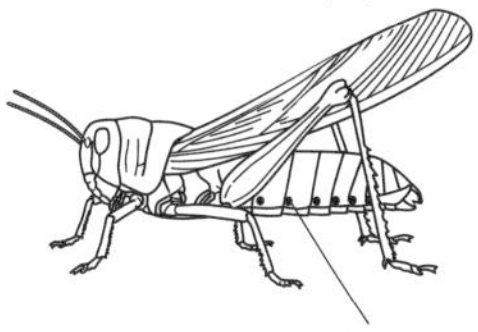

ア 音（空気の振動）を感じている。

イ 呼吸のために空気をとりこんでいる。

ウ においを感じている。

エ 尿を体外に排出している。

気門

(3) 節足動物のからだをおおっているかたい殻のことを何というか，書きなさい。

(4) 軟体動物の内臓をおおっている筋肉でできた膜を何というか，書きなさい。

(1)	①	②	③	(2)	(3)	(4)

〔和歌山〕

Step A〉**Step B**〉**Step C-①**

●時 間 40分	●得 点
●合格点 75点	点

解答▶別冊 17 ページ

1 図1は，ある季節に日のあたる道ばたなどで見かける植物の花をルーペを使って観察し，スケッチしたものである。また，図2は，アブラナの花を模式図で表したものである。次の問いに答えなさい。　（4点×13－52点）

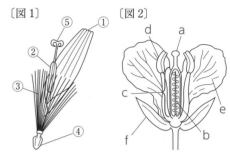

（1）ルーペのピントの合わせ方について，適切なものを次の**ア～エ**からすべて選びなさい。ただし，図中の矢印は，動かす部分と方向を示している。

ア　　　　イ　　　　ウ　　　　エ

（2）図1は，ある植物の1つの花を表している。その植物は，右の図の**ア～オ**のうちのどれか，1つ選びなさい。また，その植物名を書きなさい。

ア　　イ　　ウ　　エ　　オ

記述 （3）右の図の**ウ**や**エ**の葉は放射状に広がっている。これは，これらの植物が成長するためどのような点で最もつごうがよいですか。

（4）図1の②・③・④は，図2のアブラナの花のa～fのどの部分か。記号で答えなさい。

（5）図1で，花粉は①～⑤のどの部分でつくられるか。記号で答えなさい。

（6）花びらの特徴が図1，図2と同じものを，次の**ア～カ**からそれぞれすべて選びなさい。

ア ツツジ　**イ** ユリ　**ウ** サクラ　**エ** アヤメ　**オ** アサガオ　**カ** エンドウ

（7）（6）で図2に選んだなかまは，分類上何類とよばれていますか。

（8）種子でなかまをふやす植物は，被子植物のほかに何があるか。名称を書き，そのなかまを，次の**ア～ク**からすべて選び，記号で答えなさい。

ア イヌワラビ　**イ** マツ　**ウ** ソテツ　**エ** スギナ　**オ** トウモロコシ
カ イ ネ　**キ** カエデ　**ク** イチョウ

(1)		(2)	記号		植物名		(3)		
(4)	②		③		④	(5)		(6) 図1	図2
(7)		(8)	名称		記号				

〔徳島－改〕

2 図1は，ある顕微鏡に用意されていたレンズである。これらのレンズを組み合わせてこの顕微鏡で観察できる総合倍率は，40倍，60倍，100倍，150倍，400倍，600倍であった。次の問いに答えなさい。

〔図1〕

A　B　C　D　E

（4点×5－20点）

(1) レンズＡ，ＢおよびレンズＣ，Ｄ，Ｅの名称をそれぞれ答えなさい。

難 (2) 総合倍率100倍の場合のレンズの組み合わせをＡ～Ｅのうちから選び，記号で答えなさい。ただし，レンズＡの倍率は15倍である。

(3) 観察したときに，はっきり見えるようにピントを合わせた場合，レンズの先端とカバーガラスの距離が最も近いレンズはどれか。Ｃ～Ｅのうちから１つ選び，記号で答えなさい。

(4) 図２は顕微鏡のレボルバーを下から見たものであり，ア～ウの位置にレンズがとりつけられていた。レボルバーには，上から見る観察者から見てレボルバーを時計まわりに回すと連続的に高倍率のレンズにかえられる，となるようにレンズをとりつけることになっている。下線部の規則にしたがった場合，ウの位置にはどのレンズがとりつけられることになるか。図１のＣ～Ｅのうちから１つ選び，記号で答えなさい。なお，図２の●の部分は，レンズがとりつけられていない部分を示す。

〔図2〕
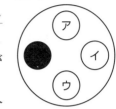

(1)	A, B	C, D, E	(2)	(3)	(4)

〔京都教育大附高〕

要 **3** 右の図は下のア～ケの生物群を，似ている点や異なる点で分類したものである。この図に関して，あとの問いに答えなさい。

（4点×7－28点）

〔生物群〕

ア 種子植物　イ 裸子植物
ウ 被子植物
エ 菌類・細菌類
オ 藻類　カ コケ植物
キ シダ植物　ク 双子葉類
ケ 単子葉類

生物
├ 花が咲かない
│ ├ 自分で栄養分をつくらない
│ └ 自分で栄養分をつくる
│   ├ 根・茎・葉の区別がない
│   │ ├ 水中生活をする
│   │ └ 陸上生活をする
│   └ 根・茎・葉の区別がある
└ 花が咲く a
  ├ 胚珠は子房に包まれている b
  │ ├ 子葉は2枚 葉脈は網状脈
  │ └ 子葉は1枚 葉脈は平行脈
  └ 胚珠はむき出しである

c　d　e　f　g　h　i

(1) 図中ａ，ｄ，ｈにはどのような生物群があてはまるか。最も適当な生物群名をア～ケから１つずつ選び，記号で答えなさい。

(2) 次の①，②の植物は図中ｃ～ｉのいずれに分類されるか。それぞれ１つずつ選び，記号で答えなさい。
① スギナ　② マ ツ

(3) 次の①，②のような特徴をもった生物群は，図中ｃ～ｈのいずれに分類されるか。それぞれ１つずつ選び，図中の記号で答えなさい。
① 湿った所で育ち，胞子でふえる。胞子は発芽して前葉体になる。
② 根に主根と側根をもつ。

(1)	a	d	h	(2)	①	②	(3)	①	②

〔福岡大附属大濠高－改〕

月　　日

Step A 〉 Step B 〉 Step C-②

●時間 45分　●得点
●合格点 75点　　　　　点

解答▶別冊17ページ

難 1 図中の生物A～Lは，次の生物群のいずれかである。これらの生物を，表のア～クの特徴で分類すると，図の①～⑧のように分けられた。①～⑧は表のア～クのいずれかを表している。ただし，Lはクジラであること，①は**ウ**であることがわかっている。あとの問いに答えなさい。

(4点×10 − 40点)

＜生物群＞

イカ，イヌワラビ，イモリ，エビ，クジラ，サクラ，ゾウリムシ，タツノオトシゴ，ハチ，
ペンギン，ミドリムシ，ヤモリ

〔表〕　　　　　　　　　〔図〕

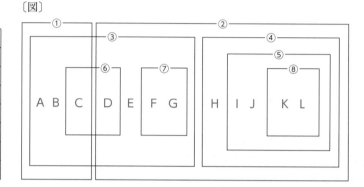

ア	背骨がある。
イ	背骨がない。
ウ	光合成ができる。
エ	光合成ができない。
オ	体温がいつも一定である。
カ	親は肺で呼吸する。
キ	節のある外骨格をもつ。
ク	1つの細胞で出来ている。

(1) 生物C，E，H，Kは何か。＜生物群＞の中からそれぞれ1つ選び，答えなさい。

(2) 図の③，⑤にあてはまる特徴は何か。表の**ア～ク**の中からそれぞれ1つ選び，記号で答えなさい。

(3) 生物A，Bに共通する特徴として適するものを，次の**ア～エ**の中から1つ選び，記号で答えなさい。

　ア　種子をつくる。
　イ　根，茎，葉の区別がある。
　ウ　子房の中に胚珠がある。
　エ　葉の裏側に胞子のうをつくる。

(4) 生物F，Gをさらに分類するとき，FとGを分けることができる特徴として適するものを，次の**ア～エ**の中から1つ選び，記号で答えなさい。

　ア　卵を産む。
　イ　体温が一定でない。
　ウ　触角をもつ。
　エ　頭胸部と腹部に分かれている。

(5) 生物Jは寒天状のものに包まれた卵を水中に産む。このJは何か。＜生物群＞の中から1つ選び，答えなさい。

(6) 内臓が外とう膜に包まれている生物を，生物A～Lの中から1つ選び，記号で答えなさい。

(1)	C		E		H		K	
(2)	③	⑤	(3)	(4)	(5)		(6)	

〔清風高〕

2 次の図に示された生物について，①〜⑪の特徴によって分類した結果，下の表のようになった。あとの問いに番号や記号で答えなさい。

(5点×12 − 60点)

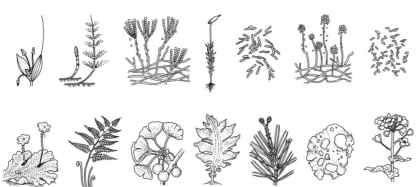

〔特徴〕

① 種子でふえ，根・茎・葉の区別がある。
② 胞子でふえ，根・茎・葉の区別がある。
③ 胞子でふえ，根・茎・葉の区別がない。
④ 胞子でふえ，からだの本体は菌糸である。
⑤ 分裂でふえ，単細胞のからだである。
⑥ 陸上で生活し，水や無機養分をからだの表面全体から吸収する。
⑦ 水中で生活し，水や無機養分をからだの表面全体から吸収する。
⑧ 胚珠はむき出しのままである。
⑨ 胚珠は子房の中にある。　⑩ 葉緑体がある。　⑪ 葉緑体がない。

〔分類結果の表〕

```
              特徴              植物名
              ┌─ A ····· ( ゼニゴケ・スギゴケ )
          ┌──┤
          │    └───── ( a )
     ┌──┤
     │    │    ┌─ B ····· ( アブラナ・コムギ )
     │    └──┤
生物 ┤          └───── ( b )
     │    ┌──── C ····· ( スギナ・イヌワラビ )
     └──┤
          │ ····· ( c )
          └─ D ┤
               └ E ····· ( アオカビ・クロカビ )
```

(1) 図の生物を分類してつくった上の表のA〜Eにあてはまるものを，それぞれ特徴①〜⑪から1つずつ選びなさい。

(2) 図の生物を分類してつくった上の表のa〜cにあてはまる生物名を，それぞれ次のア〜ケからすべて選びなさい。

ア アカマツ　　**イ** アナアオサ　　**ウ** マコンブ　　**エ** 酵母菌　　**オ** イチョウ
カ ワカメ　　**キ** ソテツ　　**ク** 乳酸菌　　**ケ** 大腸菌

(3) 図の生物を分類してつくった上の表のa〜cの生物は何のなかまとよばれているか，それぞれについて次のア〜キから選びなさい。

ア コケ植物　　**イ** 菌類　　**ウ** 細菌類　　**エ** 藻類
オ 被子植物　　**カ** 裸子植物　　**キ** シダ植物

(4) 生物どうしのつながりから，生産者としてはたらくものと，分解者としてはたらくものとがある。生産者としてはたらくための最も大切な特徴を①〜⑪から1つ選びなさい。

(1)	A		B		C		D		E		(2)	a
b			c			(3)	a		b		c		(4)

〔同志社女子高−改〕

12 火山活動と火成岩

Step **A** 〉 Step **B** 〉 Step **C** 〉

1 火山の噴火と噴出物

解答▶別冊 18 ページ

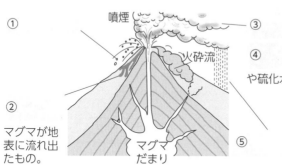

噴煙

火砕流

マグマだまり

① 　　　③

② マグマが地表に流れ出たもの。

⑤

④

⇨　ほとんどが

　　で，ほかに二酸化硫黄や硫化水素などを含む。

広範囲の地域に降り積もる。直径 2 mm 以下。

⑥ ガスが急に放出されたため，小さい穴がたくさんある。

2 火山岩と深成岩の組織

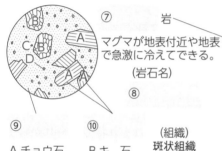

⑦ 　　　岩
マグマが地表付近や地表で急激に冷えてできる。
（岩石名）

⑧

（組織）
斑状組織

⑨　　　　⑩

A チョウ石　B キ　石
C 細かい鉱物　D 磁鉄鉱

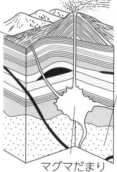

マグマだまり

⑪ 　　　岩
マグマが地下深くで，ゆっくり冷えてできる。
（岩石名）

⑫

（組織）

⑬

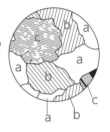

a セキエイ
b チョウ石
c クロウンモ

3 火成岩の種類と特徴

火成岩	⑭	流紋岩	⑮	⑯
	深成岩	⑰	閃緑岩	斑れい岩
主な鉱物の種類と割合〔体積%〕	80 ⑱ 60 40 20 チョウ石 クロウンモ		⑲ ⑳ カクセン石 その他の鉱物	カンラン石
溶岩	温　度	950℃	1000℃	1100℃
	色	白っぽい ←	→	黒っぽい
	粘り気	㉑ ←	→	㉒
	二酸化ケイ素	多い ←	→	少ない

平らな形　　弱

盾状火山

円錐の形　　中

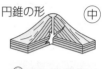

㉓

つり鐘の形　　強

㉔

〈溶岩の粘り気〉

▶次の[　]にあてはまる語句や記号を入れなさい。

4 火山の噴出物

① 火山が噴火すると[㉕　　]が流れ出したり，水蒸気や二酸化炭素などの[㉖　　]が噴出したりする。

② 火山の噴出物にはこのほかに，気体の抜けた穴がたくさんあいている[㉗　　]や細かな鉱物がたくさん混じって上空の風に運ばれ，広範囲に散らばる[㉘　　]などがある。

③ 火山の地下には，高温でどろどろにとけた物質の[㉙　　]がある。

5 火成岩の分類と造岩鉱物

① [㉚　　]が冷え固まってできた岩石を火成岩という。

② マグマが地表や地表近くで[㉛　　]冷え固まり，斑晶とよばれる粒やガラス状の[㉜　　]部分をもつ岩石を[㉝　　]という。

③ マグマが地下の深い所で[㉞　　]（約数十万年～数百万年）冷え固まってできた，大きい粒からなる岩石を[㉟　　]という。

④ 火成岩をつくっている，色や形の異なる粒を[㊱　　]という。

⑤ [㊲　　]やチョウ石は，無色や白色なので無色鉱物，[㊳　　]やカクセン石，キ石，カンラン石は，色があるので有色鉱物という。

⑥ 火山岩を，[㊴　　]鉱物の多い，白っぽい岩石の順に並べると，流紋岩・[㊵　　]・玄武岩になる。

⑦ 深成岩を，有色鉱物の多い，[㊶　　]岩石の順に並べると，斑れい岩・閃緑岩・[㊷　　]になる。

⑧ [㊸　　]は，どの火成岩にも含まれており，白色・うすもも色で，決まった方向に割れる鉱物である。

6 火山の形と溶岩

① 昭和新山や雲仙普賢岳のような火山の溶岩は，粘り気が[㊹　　]いため，溶岩ドームといわれ，下の図の[㊺　　]のような形になる。

② 浅間山や桜島のような火山は，成層火山とよばれ，溶岩の粘り気も中間である。このような火山は，下の図の[㊻　　]のような形になる。

③ ハワイのキラウエア火山は，溶岩の粘り気が[㊼　　]く，静かに流れ出す。盾状火山といわれ，下の図の[㊽　　]のような形になる。

ア　　　　　　　イ　　　　　　　ウ

㉕ _____

㉖ _____

㉗ _____

㉘ _____

㉙ _____

㉚ _____

㉛ _____

㉜ _____

㉝ _____

㉞ _____

㉟ _____

㊱ _____

㊲ _____

㊳ _____

㊴ _____

㊵ _____

㊶ _____

㊷ _____

㊸ _____

㊹ _____

㊺ _____

㊻ _____

㊼ _____

㊽ _____

Step A ▶ Step B-① ▶ Step C

●時 間 40分　●得 点
●合格点 75点　　　　　点

解答▶別冊18ページ

1 [火山の種類]　火山を形で大きく３つに分け，それぞれの火山について，断面の模式図・形の特徴・主な岩石の色を次の表にまとめた。あとの問いに答えなさい。　(6点×3－18点)

火　山	A	B	C
断面の模式図			
形の特徴	おわんをふせたような形で，傾斜の急な火山	円錐状の形で，傾斜はAとCの中間の火山	全体的に横に広がった傾斜のゆるい火山
主な岩石の色	白っぽい ←――――――――――――→ 黒っぽい		

(1) 火山Aでは，主に無色の鉱物を多く含む火山岩が見られる。この火山岩の名称として，正しいものを次の**ア**〜**エ**から１つ選びなさい。

　　ア 玄武岩　　**イ** 安山岩　　**ウ** 流紋岩　　**エ** 花こう岩

(2) 火山Cが表のような特徴をもつ理由として正しいものを，次の**ア**〜**エ**から１つ選びなさい。

　　ア 溶岩の粘り気が強く，比較的おだやかな噴火が起こったため。

　　イ 溶岩の粘り気が弱く，比較的おだやかな噴火が起こったため。

　　ウ 溶岩の粘り気が強く，比較的激しい噴火が起こったため。

　　エ 溶岩の粘り気が弱く，比較的激しい噴火が起こったため。

記述 (3) 火山岩を観察すると斑晶と石基からできている斑状組織が見られる。火山岩のでき方について簡単に説明しなさい。

(1)	(2)	(3)

〔宮　城〕

2 [火山の噴火と噴出物]　次の文を読み，あとの問いに答えなさい。　(7点×4－28点)

> 火山が噴火すると，火口から火山ガスといっしょに火山灰や軽石などがふき出たり，溶岩が流れ出たりする。これらのように，噴火によって地下からふき出した物質をまとめて（　　）という。

(1) 文中の下線部の火山ガスの主な成分として適当なものを，次の**ア**〜**オ**から２つ選び，記号で書きなさい。

　　ア 酸　素　　**イ** 窒　素　　**ウ** 二酸化炭素

　　エ 水　素　　**オ** 水蒸気

(2) 文中の（　　）に適する語句を書きなさい。

記述 (3) 軽石には，写真に見られるような小さな穴がたくさんある。

　　このような穴ができたのはなぜか。その理由を簡潔に書きなさい。

(4) (2)の（　　）のふき出された物質で，文中に書かれていないものを１つ書きなさい。

(1)	(2)	(3)	(4)

〔佐賀－改〕

3 [火山岩と深成岩] マグマが冷えて固まってできた，岩石A〜D，安山岩，花こう岩の6つの岩石を双眼実体顕微鏡で観察した。図1は，観察した6つの岩石のうち，安山岩と花こう岩をスケッチしたものである。また，観察した6つの岩石を，つくりの違いから火山岩と深成岩の2種類に分類し，さらに，含まれる有色鉱物の割合の違いから，図2のようにまとめた。あとの問いに答えなさい。 (6点×5−30点)

〔図1〕

斑晶

P

安山岩　　　　　　花こう岩

〔図2〕

岩石の種類	火山岩	岩石A	安山岩	岩石B
	深成岩	岩石C	岩石D	花こう岩
有色の鉱物の割合	大きい ◀━━▶ 小さい			

(1) マグマが冷えて固まってできた岩石をまとめて何というか，その名称を書きなさい。

(2) 図1の安山岩のスケッチに示したPは，斑晶をとり巻く小さな粒の部分である。Pを何というか，その名称を書きなさい。

(3) 図1の花こう岩では，肉眼でも見分けられるぐらいに大きく成長した鉱物のみが組み合わさっている。鉱物が大きく成長したのはなぜか，その理由を簡単に書きなさい。

(4) 図2の岩石A〜Dは，玄武岩，閃緑岩，斑れい岩，流紋岩のいずれかである。岩石Aと岩石Dはそれぞれ何か，次の**ア〜エ**から最も適当なものをそれぞれ1つ選び，記号で答えなさい。

ア 玄武岩　**イ** 閃緑岩　**ウ** 斑れい岩　**エ** 流紋岩

(1)	(2)	(3)		(4)	A	D

〔三　重〕

4 [深成岩] 火山の噴火によって，高温の溶岩や火山弾などの噴出物が，火口からふき出す。このことから，火山の下には噴出物のもとになる高温の物質が存在することが考えられる。この高温の物質が，地下の深いところで長い時間をかけて，冷えて固まってできた岩石を深成岩という。深成岩が地表で見られるのは，大きな地殻の変動が起こったためである。

(6点×4−24点)

(1) 火山の下にある高温の物質を何というか，答えなさい。

(2) 深成岩に見られる，同じくらいの大きさの鉱物がきっちりと組み合わさってできる組織を何というか，答えなさい。

(3) 深成岩の組み合わせとして正しいものを，次の**ア〜オ**から1つ選び，記号で答えなさい。

ア 花こう岩，閃緑岩，斑れい岩

イ 流紋岩，安山岩，玄武岩

ウ 花こう岩，安山岩，斑れい岩

エ 流紋岩，閃緑岩，玄武岩

オ 流紋岩，閃緑岩，斑れい岩

(4) 地殻の変動によらずにできる地形を，次の**ア〜エ**から1つ選び，記号で答えなさい。

ア 海岸段丘　**イ** リアス式海岸　**ウ** 扇状地　**エ** 山　脈

(1)	(2)	(3)	(4)

〔関西大学北陽高〕

Step A　　Step B-②　　Step C

解答▶別冊 19 ページ

1 [火成岩のでき方]　マグマの冷え方の違いで岩石の種類が違ってくる。そのでき方の違いを検証するために，次のような実験を行った。あとの問いに答えなさい。　　　　(4点×3－12点)

〔実験〕　ある薬品を2つに分けてシャーレにとり，どちらも60℃の湯に浮かべて溶かした。一方を20～25℃でゆっくり冷やし，もう一方を氷水で急に冷やした。

(1) 下線部のある薬品に最も適しているものを，次のア～ウから1つ選びなさい。

　　ア　パラフィン　　イ　サリチル酸フェニル　　ウ　パルミチン酸

(2) 急に冷やしたものは，結晶が大きく育たなかった。この理由として適当なものを，次のア～エから1つ選びなさい。

　　ア　成分の同じものどうしが集まる時間が短かった。

　　イ　成分の同じものどうしが集まる時間が長かった。

　　ウ　成分の違うものどうしが集まる時間が短かった。

　　エ　成分の違うものどうしが集まる時間が長かった。

(3) マグマが急に冷えた岩石として適当なものを，次のア～エから1つ選びなさい。

　　ア　花こう岩　　イ　斑れい岩　　ウ　玄武岩　　エ　石灰岩

(1)	(2)	(3)

2 [造岩鉱物]　ある火成岩を採集し，次の観察をした。あとの問いに答えなさい。(8点×5－40点)

〔観察1〕　岩石をハンマーでたたいて，顕微鏡で観察した。下の図は，このときのスケッチである。

〔観察2〕　ピンポン玉くらいの大きさの岩石を鉄製乳鉢でくだき，ふるいを使って1～2mmの粒をとり出し，色や形などの特徴を調べて分類するとA～Cの鉱物に分かれた。それぞれの鉱物の個数を数えて下の表の結果を得た。

	鉱物A	鉱物B	鉱物C
特徴	白色で割れ口は平らである	黒緑色で長柱状をしていて，割れ口は平らである	透明で割れ口は不規則である
個数	59	14	2

(1) 観察1で岩石をハンマーでたたくのはなぜか。最も適当なものを次のア～エから選び，記号で答えなさい。

　　ア　岩石をくずれやすくするため。

　　イ　岩石を割って新しい面を出し組織を見えやすくするため。

　　ウ　新しい岩石かどうか音で確認するため。

　　エ　岩石についているコケや泥を落とすため。

(2) この岩石の組織は，図のように比較的大きい結晶の部分と，細かい粒の部分からなっていた。このような組織を何というか。

(3) 表の結果から，鉱物A，Bはそれぞれ何であると考えられるか。次のア～オから1つずつ選び，記号で答えなさい。

　　ア　セキエイ　　イ　チョウ石　　ウ　クロウンモ　　エ　カクセン石　　オ　カンラン石

(4) この火成岩はどれか。次の**ア～エ**から１つ選び，記号で答えなさい。

ア 流紋岩　　**イ** 花こう岩　　**ウ** 安山岩　　**エ** 斑れい岩

(1)	(2)		(3)	A	B	(4)	

〔大阪－改〕

3 [火成岩のでき方]　火山と火成岩に関して，次の問いに答えなさい。　　　　（6点×3－18点）

(1) 右の図のＡ・Ｂは，２つの火山の断面の形を表した模式図である。このような形の違いは，一般にマグマのどのような性質の違いによって生じるか。簡潔に答えなさい。

Ａ　　　　　Ｂ

(2) 石基と斑晶からできている火成岩のつくりは何とよばれますか。

記述 (3) 石基と斑晶とではそのでき方に違いがある。石基のでき方をマグマの冷える場所と冷え方がわかるように簡潔に答えなさい。

(1)	(2)	
〔静　岡〕
| (3) | | |

4 [火山灰の観察]　千春さんは火山灰について興味をもち，火山灰と火山灰を含む地層について，次の観察を行った。これらをもとに，あとの問いに答えなさい。　　　　（5点×6－30点）

〔観察〕　家の近くの工事現場に見られる地層Ａから採取した火山灰Ｘと，旅行先で採取してあった火山灰Ｙを，観察しやすいように次のような手順で処理した。

（手順1）　火山灰を蒸発皿にとり，　　　①　　　。

（手順2）　手順1を数回くり返し，別の容器に移して乾燥させる。

その後，処理したものを双眼実体顕微鏡で観察してスケッチしたところ，右の図のように火山灰Ｘにはチョウ石のほかに無色透明な粒がたくさん含まれており，火山灰Ｙにはクロウンモなどの黒や濃い色の粒が多く含まれていた。

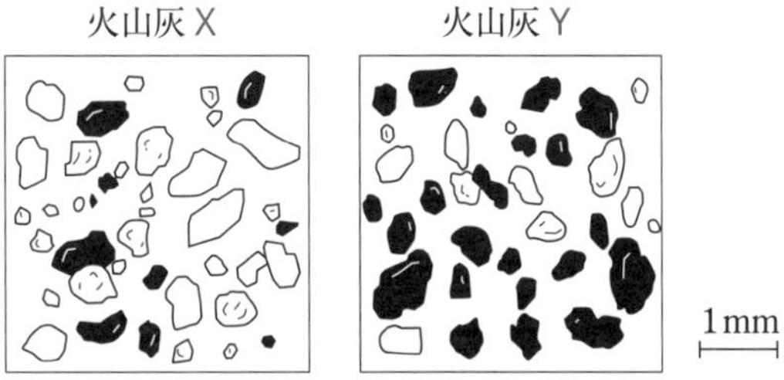

火山灰Ｘ　　　火山灰Ｙ

1mm

記述 (1) 手順1ではどのような操作を行えばよいか，①　に入る操作を書きなさい。

(2) 図に見られる，チョウ石やクロウンモなどの結晶状の粒のことを何というか，書きなさい。

(3) 下線部の「無色透明な粒」は何か，書きなさい。

(4) 観察の結果から，火山灰Ｙのもととなった①マグマの粘り気，②噴火のようす，③その噴火でできる火山の形状について，それぞれ判断できることを下の**ア**，**イ**から選び，記号で書きなさい。

①マグマの粘り気：　　**ア** 弱　い　　**イ** 強　い

②噴火のようす：　　**ア** 激しい　　**イ** おだやか

③できる火山の形状：　（右の図の**ア　イ**より）

ア　　　　**イ**

(1)		(2)	(3)	
(4)	①	②	③	

〔石川－改〕

13 地震と大地

Step A 〉 Step B 〉 Step C

解答▶別冊 20 ページ

1 地震計の記録

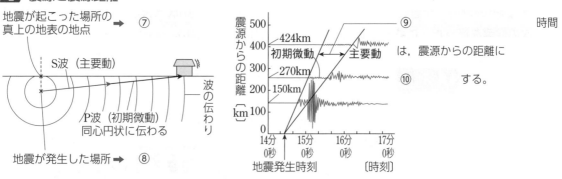

波到着　②　波到着

（初めの小さなゆれ）

A：③

（あとの大きなゆれ）

B：④

C の時間

⑤

〈　⑥　　動地震計〉

A　B

0　10　20　30　40　50

C

ゆれ始めからの時間〔秒〕

水平方向の
ゆれを記録。

支点

おもり
（動かない）

記録用
ドラム

記録紙

2 震源と震源距離

地震が起こった場所の
真上の地表の地点 → ⑦

S波（主要動）

P波（初期微動）
同心円状に伝わる

地震が発生した場所 → ⑧

波の伝わり

震源からの距離〔km〕

500
424km
400
初期微動　　主要動
300
270km
200
150km
100
0

14分　15分　16分　17分
0秒　0秒　0秒　0秒
地震発生時刻　　　　〔時刻〕

⑨　　　　　　　　　時間

は，震源からの距離に

⑩　　　する。

3 地層に見られる大地の変動

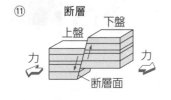

⑪　断層

上盤
下盤

力　　力

断層面

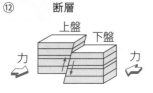

⑫　断層

上盤
下盤

力　　力

横ずれ断層

力　　力

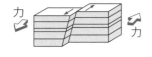

⑭

地層の両側から力が加わる。

力　　力

地震をはじめ，大地の変動の原因は地球表面をおおっている十数枚の

⑬　　　の動きである。

1 年間に数 cm 程度の
速さで移動する。

北アメリカ
プレート

プレートの動く
方向

日本海溝

⑮

プレート

⑯

プレート

フィリピン海
プレート

〈日本付近のプレート〉

▶次の[　]にあてはまる語句や数値を入れなさい。

4 地震と大地の変動の原因

① 地震は，右の図のＡの海洋の
[⑰　　　]が，Ｂの大陸の[⑱　　　]
の下にもぐりこむとき，その面
に沿って岩石にひずみができ，
ひずみにたえきれなくなり，急
激にＢが反発することが原因で
起こる。

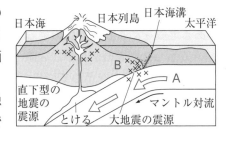

日本海　日本列島　日本海溝
太平洋
直下型の
地震の
震源
とける　大地震の震源
マントル対流
Ｂ　Ａ

② 海洋のプレートは太平洋や大西洋の海底の大山脈である[⑲　　　]でつ
くられ，1年に数 cm の速さで移動し，[⑳　　　]で沈みこむ。

③ 規模の大きな地震が起こると，土地のくい違いである[㉑　　　]ができ
ることがある。また，土地が急に盛り上がる[㉒　　　]があったり，土
地が沈む沈降があったりする。

④ インド大陸をのせたプレートの移動によってできたと考えられている
ヒマラヤ山脈の地域には，地層が大規模におし曲げられた[㉓　　　]や
断層が見られる。

⑤ 日本列島付近に火山が多いのは，海溝で海洋のプレートがもぐりこむ
ことで，地下に[㉔　　　]が発生しやすくなっているからである。

5 地震とゆれの伝わり方

① 地震が発生した地点を[㉕　　　]といい，その真上の地表の地点を
[㉖　　　]という。

② 初めにやってくる[㉗　　　]波による小さなゆれを[㉘　　　]といい，あ
とからくるＳ波による大きなゆれを[㉙　　　]という。

③ Ｐ波とＳ波の到着時刻の差を[㉚　　　]といい，この時間は震源からの
距離に比例する。

④ ある地点での地震による土地のゆれの強さの程度を[㉛　　　]といい，
震度計ではかり，0〜7の[㉜　　　]階級に分けられている。

⑤ ふつう，[㉝　　　]は震源から遠いほど小さく，近くでは大きくなる。
しかし，震源距離が同じでも地下の地層の性質の違いで[㉝　　　]が異なる。

⑥ 震源が同じ地震でも，放出されるエネルギー（地震規模）が大きいと各
地の震度も大きくなる。地震規模の大小を表す尺度を[㉞　　　]といい，
この値が1大きくなると，地震の波のエネルギーは約32倍になる。

6 地震による災害

大地震が起こると，道路の地割れ，海岸の隆起や[㉟　　　]，地表に
まで現れる[㊱　　　]，海底地震による[㊲　　　]などの災害が起こる。

⑰
⑱
⑲
⑳
㉑
㉒
㉓
㉔

㉕
㉖
㉗
㉘
㉙
㉚
㉛
㉜
㉝
㉞

㉟
㊱
㊲

重要 1 [地震]　右の図は，ある地震をある観測地点の地震
計で記録したもので，Aで示した時間続いた小さなゆ
れのあとに大きなゆれが起こったことを示している。
地震が起こると震源から伝わる速さがはやい波とおそ
い波が同時に発生し，周囲に伝わっていく。次の問い
に答えなさい。　　　　　　　　　　　（5点×3－15点）

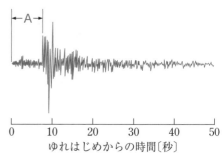

0　　10　　20　　30　　40　　50
ゆれはじめからの時間〔秒〕

(1) Aで示した時間続いた小さなゆれは，伝わる速さのは
やい波とおそい波のどちらの波によって起こるか。また，Aで示した時間と震源から観測地点
までの距離とはどのような関係にあるか。次のア～エから1つ選び，記号で答えなさい。

ア　はやい波によって起こり，Aで示した時間が長いほど距離は近い。

イ　はやい波によって起こり，Aで示した時間が長いほど距離は遠い。

ウ　おそい波によって起こり，Aで示した時間が長いほど距離は近い。

エ　おそい波によって起こり，Aで示した時間が長いほど距離は遠い。

(2) 下線部のおそい波が起こすゆれを何というか。

(3) Aで示した時間を何というか。

(1)	(2)	(3)

2 [地震のしくみ]　下の表は，地震の起こるしくみについてまとめた表である。次の問いに答え
なさい。
　　　　　　　　　　　　　　　　　　　　　　　　　　　　　　　　　　　　　（8点×5－40点）

	地震発生前	地震発生後	わかったこと
内陸型地震	大地に加わる力		・内陸型地震は，大地に力が加わり断層がずれることで起こる。
海溝型地震			・海溝型地震は，（　①　）が（　②　）の下にしずみこみ，（　③　）した（　②　）の先端部がもとにもどろうとして急激に（　④　）することで起こる。

海洋プレートの動き，　大陸プレートの動き
点線はもとの位置を表している。

(1) 表の下線部について，再びずれる可能性がある断層を何というか，書きなさい。

(2)「わかったこと」の内容が正しくなるように，（　①　）～（　④　）にあてはまる語句を，次の
ア～エから1つずつ選び，記号で答えなさい。

ア　隆起　　　　　**イ**　沈降

ウ　海洋プレート　　**エ**　大陸プレート

(1)		(2)	①	②	③	④

〔秋田－改〕

3 [地震と地震計] ある地震について調べ，まとめた。図1は観測地点Aにおけるこの地震のゆれを記録したものである。下の表は，観測地点B～Dにおける震源からの距離，P波の到達時刻，S波の到達時刻をまとめたものである。この地震によって発生したP波とS波は，それぞれ一定の速さで伝わったものとして，あとの問いに答えなさい。 (9点×5－45点)

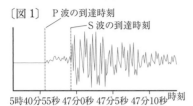

〔図1〕 P波の到達時刻
S波の到達時刻

5時40分55秒 47分0秒 47分5秒 47分10秒 時刻

観測地点	B	C	D
震源からの距離	50 km	100 km	200 km
P波の到達時刻	5時47分0秒	5時47分8秒	5時47分24秒
S波の到達時刻	5時47分6秒	5時47分20秒	5時47分48秒

(1) P波による小さなゆれを何というか。名称を書きなさい。

(2) 図1のような地震のゆれは，地震計を使って記録される。図2の装置は，地面の上下方向の動きを記録する地震計のしくみを模式的に示したものである。この装置で，地震のゆれが記録されるしくみについて，次のようにまとめた。文中の（ ① ）～（ ③ ）にあてはまる語句の組み合わせとして最も適切なものを，下の表のア～エから1つ選び，記号で答えなさい。

〔図2〕 ばね
支柱
おもり
地面の動き
記録紙 ペン

> 図2の装置では，地震のゆれとともに（ ① ）は上下に動くが，（ ② ）はほとんど動かないので，地面の動きと（ ③ ）向きに地震のゆれが記録される。

	Ⅰ	Ⅱ	Ⅲ
ア	記録紙	おもりとペン	同じ
イ	記録紙	おもりとペン	反対の
ウ	おもりとペン	記録紙	同じ
エ	おもりとペン	記録紙	反対の

(3) 観測地点A～D以外の観測地点XにおけるP波の到達時刻を調べたところ，5時47分20秒だった。観測地点XにおけるS波の到達時刻を求めなさい。

(4) 地震の規模の大きさは，マグニチュードで表される。マグニチュード6の地震で放出されるエネルギーは，マグニチュード3の地震で放出されるエネルギーの何倍か。最も適切なものを，次のア～エから1つ選び，記号で答えなさい。

　ア 約2倍 　**イ** 約96倍 　**ウ** 約1000倍 　**エ** 約32000倍

(5) 震度5弱の震度が観測された地点のゆれの感じ方や屋内の状況について述べたものとして，最も適切なものを，次のア～エから1つ選び，記号で答えなさい。

　ア 屋内で静かにしている人の中には，ゆれをわずかに感じる人がいる。

　イ 屋内にいる人のほとんどが，ゆれを感じる。棚にある食器類が音を立てることがある。

　ウ 大半の人が恐怖を覚え，ものにつかまりたいと感じる。棚にある食器類，書棚の本が落ちることがある。

　エ 立っていることができず，はわないと動くことができない。固定していない家具のほとんどが移動し，倒れるものが多くなる。

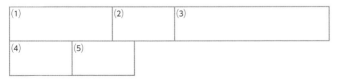

〔埼玉－改〕

Step A　Step B-②　Step C

●時間 40分　●得点

●合格点 75点　　　　点

解答▶別冊 20 ページ

1 [プレートの運動]　次の文章を読んで，あとの問いに答えなさい。

(5点×5－25点)

　　地球の表面は，十数枚のプレートとよばれる岩盤でおおわれており，地球上で起こる地殻変動の多くは，プレートの運動によって説明されている。右の図は，海洋のプレートが〔 X 〕で生まれ，①ゆっくり移動し，〔 Y 〕で沈みこむようすを示したものである。図の中で，②海洋のプレートが沈みこむ〔 Y 〕付近は，地殻変動の激しい場所であるといえる。

大陸の
プレート　　　　Y　　　　　X　太平洋

海洋のプレート

マグマ　　地震が発生しやすい所

(1) 文中のX，Yにあてはまる語句を，次の**ア〜オ**から選び，それぞれ記号で答えなさい。

　ア 活断層　**イ** 海溝　**ウ** 震源　**エ** マグマだまり　**オ** 海嶺

(2) 下線部①で，海洋のプレートが1年間に移動する距離として適するものを，次の**ア〜エ**から選び，記号で答えなさい。

　ア 数メートル　**イ** 数十メートル　**ウ** 数センチメートル　**エ** 数ミリメートル

(3) 下線部②で，Y付近では海洋のプレートの動きにともなって，大陸のプレートにゆっくりと巨大な力が加わり，それにたえきれなくなった岩盤が急激に動くことで大地震が発生する。Y付近の大陸のプレートの土地の動きを示すイメージ図として，最も適当なものを，次の**ア〜エ**から選び，記号で答えなさい。ただし，次の**ア〜エ**の図の……は大地震が発生したときの土地の動きである。

ア　隆起↕沈降　時間の経過　　イ　隆起↕沈降　時間の経過　　ウ　隆起↕沈降　時間の経過　　エ　隆起↕沈降　時間の経過

(4) 日本列島に火山が多いのは，Y付近に海洋のプレートが沈みこむことで，地下にマグマが発生しやすくなっているからである。北海道の有珠山のように，傾斜が急で盛り上がった形の火山の特徴を，マグマの粘り気と噴火のようすから簡単に説明しなさい。

(1)	X	Y	(2)	(3)
(4)				

〔鳥取－改〕

2 [震源と距離]　右の図は，ある地震を2地点A，Bで記録したものを並べて図示したもので，横軸の時刻はA地点がゆれ始めた時刻を0秒としている。A地点の震源からの距離は 80 km であった。B地点の震源からの距離はいくらか。次のア〜カから選び，記号で答えなさい。

震源からの距離

A地点：80km

B地点：（　）km

0　10　20　30　40　50
時　刻〔秒〕

(5点)

　ア 100 km　**イ** 120 km　**ウ** 140 km　**エ** 160 km　**オ** 180 km　**カ** 200 km

〔高田高〕

3 [地震による波] 授業中，地震があった。この地震の発生時刻は 10 時 31 分 45 秒であり，学校の地震計には 10 時 31 分 51 秒から P 波が記録されていた。図 1 は，この地震の震央付近の断面を表した模式図である。

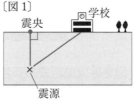

〔図1〕

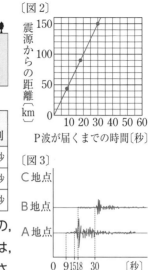

〔図2〕

表は，A 〜 C 地点の震源からの距離と地震波が届いた時刻を表したものである。図 2 は，P 波が届くまでの時間と震源からの距離の関係を表したグラフであり，図 3 は，地震の発生時刻を 0 秒として表したときの，A 地点と B 地点の地震計の記録である。ただし，図 2 と図 3 の横軸は，1 秒間を同じ長さで表してある。これに関して，次の問いに答えなさい。

〔図3〕

(7点×5 － 35点)

地点	震源からの距離	P 波が届いた時刻	S 波が届いた時刻
A地点	45 km	10時31分54秒	10時32分00秒
B地点	90 km	10時32分03秒	10時32分15秒
C地点	150 km	10時32分15秒	10時32分35秒

(1) 現在，日本では震度を何段階に分けているか。最も適当な数値を書きなさい。

(2) この地震の P 波の伝わる速さは何 km/s ですか。

(3) 学校から震源までの距離は何 km ですか。

(4) C 地点の地震計の記録はどれか。次の**ア〜エ**のうちから 1 つ選び，記号を書きなさい。また，選んだ理由も書きなさい。ただし，**ア〜エ**の 1 秒間は，図 2，図 3 と同じ長さで表してある。

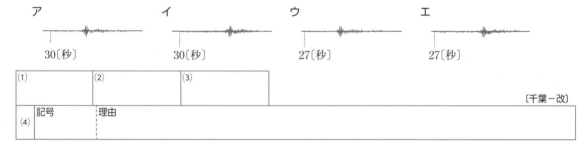

| ア | イ | ウ | エ |
| 30〔秒〕 | 30〔秒〕 | 27〔秒〕 | 27〔秒〕 |

(1)	(2)	(3)	
(4) 記号	理由		

〔千葉－改〕

4 [地震計の記録] 右の図は，震源から 280 km 離れた地点での地震計の記録である。P 波の速さは 8km/s，C の時間は 21 秒である。次の問いに答えなさい。ただし，答えが割り切れない場合は，四捨五入して整数値で答えなさい。

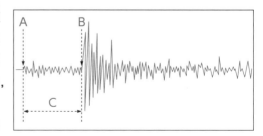

(7点×5 － 35点)

(1) C の時間を何といいますか。

(2) B から始まる激しいゆれを何といいますか。

(3) この地震の S 波の速さは何 km/s ですか。

(4) A の時刻が 14 時 20 分 12 秒であったとすると，地震が発生した時刻は何時何分何秒ですか。

(5) C の時間が 35 秒の地点の震源からの距離は何 km ですか。

(1)	(2)	(3)	(4)	(5)

〔青雲高〕

Step A 〉 Step B 〉 Step C-①

●時間 45分　●得点
●合格点 75点　　　　点

解答▶別冊 21 ページ

1 図1は花こう岩を，図2は火成岩である岩石Ⅹの断面をルーペで観察してスケッチしたものである。観察1，観察2について，あとの問いに答えなさい。　(4点×5 − 20点)

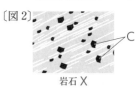

〔図1〕　　　　　〔図2〕

A　花こう岩　　B　　　岩石Ⅹ　C

〔観察1〕　花こう岩には，図1のように無色透明で，不規則に割れる鉱物Aと，黒色でうすくはがれる鉱物Bが見られた。

〔観察2〕　岩石Ⅹには，図2のように石基の間に比較的大きな緑褐色の鉱物Cが散らばっていた。また，花こう岩に比べると，全体的に黒っぽく，有色鉱物の割合が多かった。

(1) 鉱物Aと鉱物Bの名称は何か。次のア～ウからそれぞれ1つずつ選び，記号で答えなさい。

　　ア　カンラン石　　イ　クロウンモ　　ウ　セキエイ

(2) 鉱物Cのような比較的大きな鉱物を，石基に対して何というか。書きなさい。

(3) 次の文の（　　）にあてはまる言葉を，それぞれ1つずつ選び，記号で答えなさい。

　　岩石Ⅹは，①（ア　なだらかな　　イ　盛り上がった）火山をつくったマグマが冷えて固まった②（ウ　玄武岩　　エ　斑れい岩）である。

	A	B	(2)	(3) ①	②
(1)					

〔福島−改〕

2 右の図は日本付近のプレートの分布を表したものである。次の問いに答えなさい。　(5点×6 − 30点)

(1) プレートA，Bの名称をそれぞれ答えなさい。

(2) プレートの境界Ⅹの地名を答えなさい。ただし，Ｙは南海トラフである。

(3) プレートBの運動方向として最も適当なものを，図1中の矢印①～④のうちから選びなさい。

(4) プレートAが1年間に移動する速さとして最も適当なものを，次のア～オから選びなさい。

　　ア　数mm　　イ　数cm　　ウ　数m

　　エ　数十m　　オ　数百m

(5) 近い将来，Ｙ付近で発生すると考えられている，マグニチュード8をこえる大地震と同じタイプの地震として最も適当なものを，次のア～ウから選びなさい。

　　ア　1995年兵庫県南部地震　　イ　2000年鳥取県西部地震　　ウ　2011年東北地方太平洋沖地震

北アメリカプレート

ユーラシアプレート

Ⅹ

A

Ｙ

B

②　①
③　④

	A	B	(2)	(3)
(4)		(5)		

〔同志社高−改〕

3 図1は，ある地震の震度を○印の地点ごとに示したものであり，×印は震央を示している。図2はこの地震が起きたときの，地点A・地点B・地点Cでの地震計による記録の一部を示したものである。あとの問いに答えなさい。

〔図1〕

(5点×2－10点)

記述 (1) 震度とは観測地点における何を表しているか。簡潔に書きなさい。

記述 (2) 次の文章中の［　　　］には，文章中の下線部の内容が正しいとしたときの，地点A・地点B・地点Cでの地震計の記録から読みとれることがあてはまる。その内容を簡潔に書きなさい。

　　　音はその大きさに関係なく同じ速さで伝わる。地震でも，ゆれの大きさに関係なく同じ速さで伝わるとし，この地震の震源で，初めに小さなゆれが生じ，そのあとに大きなゆれが生じたとする。この場合，図2はこのようにはならずに，［　　　］になるはずである。

〔図2〕

地点A

地点B

地点C

5時47分　　　　　48分

(1)	(2)

〔広島－改〕

4 採集したいろいろな岩石のプレパラートをつくって観察した。図1のA〜Cはそのときのスケッチである。次の問いに答えなさい。

(5点×8－40点)

(1) 図1のCについて，次の文中の　①　，　②　にあてはまる語を書きなさい。

　　Cのような岩石のつくりを　①　組織といい，その中に含まれるaのような粒（鉱物）を　②　という。

〔図1〕

A
丸みをおびた砂が集まり，固まっている。

B
大きな粒（鉱物）が組み合わさっている。

C
aのような大きな粒（鉱物）とまわりの一様に見える部分からできている。

(2) 図1のA〜Cの岩石がつくられる場所として最も適当なものを，図2のX，Y，Zから1つずつ選び，記号を書きなさい。

(3) 次の文中の　①　〜　③　にあてはまる語を書きなさい。

　　岩石は長い間にすがたを変えていく。火成岩は　①　が冷えて固まったものであるが，地表に出るとしだいにくずれたり，けずられたりする。そのあと，流水に運ばれ，海底などに堆積し，固まると堆積岩になる。このような作用によってできる堆積岩は粒の大きさの違いにより，れき岩，砂岩，　②　に分けられる。また，このほかに，でき方や成分が違う堆積岩として，火山灰などが堆積してできた凝灰岩，生物の遺がいなどが堆積してできた　③　や石灰岩がある。

〔図2〕

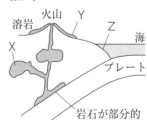

岩石が部分的にとけている

(1)	①	②	(2)	A	B	C

(3)	①	②	③

〔茨城〕

Step A 〉 Step B 〉 Step C-②

●時 間 40分	●得 点	
●合格点 75点		点

解答▶別冊 22 ページ

1 岩石の断面をみがいてルーペで観察した。図1，図2は，2つの岩石を観察したようすをスケッチしたものである。　(8点×2－16点)

〔図1〕

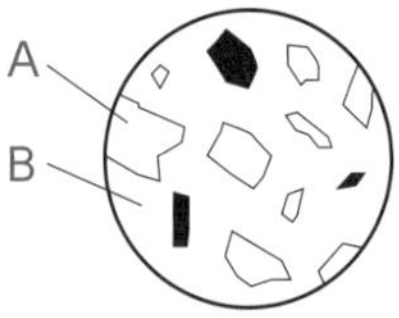

(1) 図1の岩石および図1中のA，Bの部分について正しく説明した文を，次の**ア**～**オ**から2つ選び，記号で答えなさい。

　ア　この岩石は，マグマが地表近くにふき出て冷え固まった。

　イ　この岩石のつくりは斑状組織で，Bを斑晶という。

　ウ　ゆっくりと冷やされてAができたあと，急に冷やされてBができた。

　エ　ゆっくりと冷やされてBができたあと，急に冷やされてAができた。

　オ　AもBもほぼ同時にできた。

〔図2〕

(2) 採集した岩石をルーペで観察しただけでは種類がわからなかった。そこで，図2の岩石の一部を鉄製乳ばちの中で細かく砕き，とり出した鉱物の特徴と含まれていた割合を調べてまとめたのが下の表である。この

鉱物の特徴	含まれていた割合（％）
白色で，角張った形	69
白色や無色で，不規則な形	11
暗い緑色で，長柱状の形	9
黒色で，うすい板状の形	6
暗い緑色で，短柱状の形	3

表を参考にして，図2の岩石の種類を次の**ア**～**オ**から1つ選び，記号で答えなさい。

　ア　安山岩　　**イ**　玄武岩　　**ウ**　閃緑岩　　**エ**　斑れい岩　　**オ**　流紋岩

(1)	(2)

〔四天王寺高〕

2 右の表は，A～Eの5地点で，ある地震の初期微動と主要動を最初に観測した時刻を示している。これについて，次の問いに答えなさい。　(6点×9－54点)

観測地	初期微動を観測した時刻	主要動を観測した時刻
A	8時49分50秒	8時50分24秒
B	8時49分38秒	8時50分06秒
C	8時49分06秒	8時49分18秒
D	8時48分58秒	8時49分06秒
E	8時49分18秒	8時49分36秒

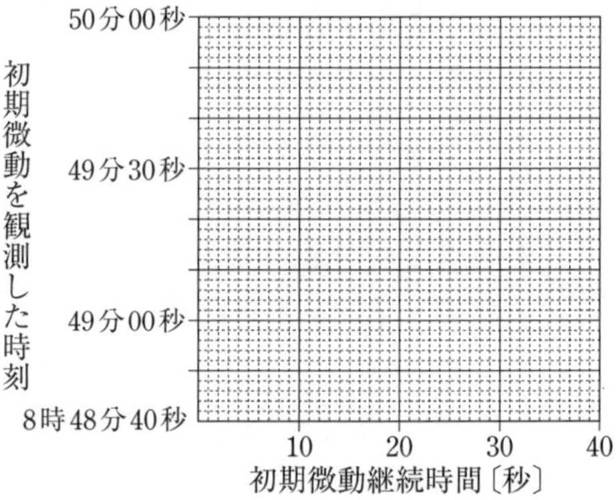

(1) 震源に最も近い観測地はどこか。A～Eから1つ選び，記号で答えなさい。

(2) 初期微動を観測した時刻と初期微動継続時間の関係を，上の図にグラフで表しなさい。

(3) この地震の発生時刻を求めなさい。

重要 (4) A地点は震源から 408km 離れている。P波，S波の速度はそれぞれ何 km/s ですか。

次に，右のグラフは1996年に発生したある地震前後のM岬の隆起・沈降量を1950年を基準として示したものである。

(5) 1950年から1990年までの沈降量は，年平均何 mm ですか。

(6) この地震が起きるまで，同じ割合で土地が沈降したとして，この地震のときの土地隆起量は何 cm か。小数第1位を四捨五入して答えなさい。

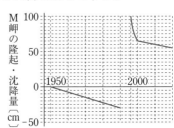

（7）2000年から2020年の土地沈降量（ちんこう）から，2060年のM岬は1950年と比べてどのようになると推測できるか。次の文の（　　）にあてはまる数値，語句を答えなさい。

　　　1950年と比べると（ ① ）cm，（ ② ）くなっている。

(1)	(2)（図に記入）	(3)		(4)	P波	S波
(5)		(6)		(7)	①	②

〔広島大附高－改〕

3 地球の内部で熱によって岩石がとけるとマグマができ，そのマグマが地表にふき出し，冷えて固まってできた山を火山という。火山はその形によっていくつかに分類することができる。図1のA〜Cは，分類した火山の断面の形を，それぞれ模式的に表したものである。

〔図1〕

A　　B　　C

（6点×5－30点）

（1）図1のA〜Cのように，さまざまな形の火山ができるのは，マグマのどのような性質の違い（ちが）が関係しているか，答えなさい。

（2）図1のAの火山について，噴火（ふんか）のようすと火山噴出物の色をCの火山と比較した文として，最も適当なものを，次のア〜エから1つ選び，記号で答えなさい。

　ア　Aの火山はCの火山と比べ，噴火は激しい場合が多く，火山噴出物の色は白っぽい。

　イ　Aの火山はCの火山と比べ，噴火は激しい場合が多く，火山噴出物の色は黒っぽい。

　ウ　Aの火山はCの火山と比べ，噴火はおだやかな場合が多く，火山噴出物の色は白っぽい。

　エ　Aの火山はCの火山と比べ，噴火はおだやかな場合が多く，火山噴出物の色は黒っぽい。

（3）火山岩である玄武岩（げんぶ）と流紋岩（りゅうもん）には，含（ふく）まれる有色鉱物の割合に違いがある。玄武岩と流紋岩を比較したとき，有色鉱物の割合が多い岩石はどちらか。また，その岩石に含まれる主な有色鉱物は何か。その組み合わせとして最も適当なものを，次のア〜エから1つ選び，記号で答えなさい。

	有色鉱物の割合が多い岩石	主な有色鉱物
ア	玄武岩	キ　石
イ	玄武岩	セキエイ
ウ	流紋岩	キ　石
エ	流紋岩	セキエイ

〔図2〕

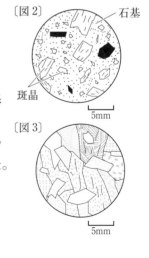

石基

斑晶（はんしょう）

5mm

〔図3〕

5mm

（4）図2は火山から噴出した火山岩のスケッチである。このように，石基や斑晶が見られる岩石のつくりを何というか，答えなさい。

（5）図3は，火山の地下深くでできた深成岩のスケッチである。岩石のつくりを観察すると，同じくらいの大きさの鉱物が組み合わさっていた。このような岩石のつくりができた理由を説明しなさい。

(1)		(2)	(3)	(4)
(5)				

〔長　崎〕

14 地層と過去のようす

Step A ▶ Step B ▶ Step C

解答▶別冊 22 ページ

1 地層のでき方

岩石が空気・水・太陽熱などでもろくなり，くずれる。
①

流水で削られる。
②　　　　作用

⑤

海面

細かい

海岸線 （平面図）

と砂

川

陸地

削られた，れき，砂などを運ぶ。
③　　　作用

⑥

れき，砂などを河口や海底に積み重ねる。
④　　　作用

次々と堆積物が重なり，⑧　　　　ができる。

⑦

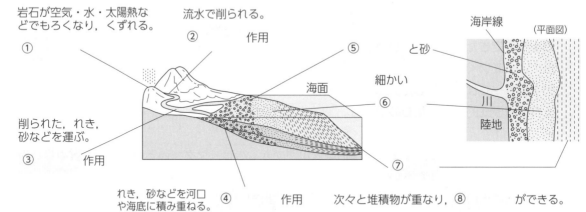

2 示相化石と示準化石

〈 示相化石 〉

⑨ 干潟や海岸近くであった。

⑩ 水温が比較的高く浅くて水のきれいな海に生活する。

〈 示準化石 〉

⑪

古生代の化石

⑫
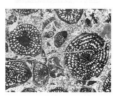
古生代の化石

⑬

中生代の化石

⑭

新生代の化石

3 主な堆積岩

⑮

（粒の直径0.06 mm以下）

⑯

（粒の直径2〜0.06 mm）

⑰

（粒の直径2 mm以上）

⑱

（ボウスイチュウやサンゴなどが固まってできている）

チャート

（ホウサンチュウが固まってできている）

⑲

（火山灰などが固まってできている）

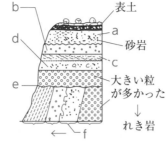

▶次の[　]にあてはまる語句を入れなさい。

4 地層を調べる

右の図のスケッチメモ a ～ g より，a 木の葉の化石あり→沼か[⑳　]でできた地層。b 火山灰を含む→近くで[㉑　]活動あり。c ルーペで見ても粒が小さかった→[㉒　]岩と判断。d ホタテガイの化石があった→[㉓　]い海。e 地層の重なりが不連続である→この境目を不整合面といい，下の地層群は海面上に出て[㉔　]された証拠。f カニの巣穴の化石あり→巣穴の化石のようすから，図の←の左側の地層が[㉕　]いと判断。g 下から，れき，砂，泥の順に堆積→海は[㉖　]くなっていったと判断。

5 地層の広がり

① 地層は何枚もの層が重なり，横にも奥にもつながっている。
地層が表面に現れているところを[㉗　]という。

② また，地層の重なり方を調べるために，ボーリング試料などを使って[㉘　]で表すこともできる。

かぎ層による[㉘]の合成

6 堆積岩

① 海底などに堆積したれきや砂，泥などが，長い間におし固められてできた岩石を[㉙　]という。

② 堆積岩をつくる粒は，水の流れのはたらきを受けるので，火成岩の粒とは異なり，角がとれ[㉚　]がある。

③ 火山灰，火山噴出物が固まってできた堆積岩が[㉛　]である。

④ サンゴなどの石灰質の殻をもつ生物の死がいが固まってできる[㉜　]，ホウサンチュウなどの死がいが固まってできる[㉝　]も堆積岩である。[㉜]に塩酸をかけると[㉞　]の気体が発生する。

7 化 石

① 地層が堆積した当時の環境を推定するのに役だつ化石を[㉟　]という。例えば，[㊱　]の化石があれば，その場所が堆積当時あたたかく，きれいな浅い海であったことがわかる。

② 地層のできた年代を推定するのに役だつ化石を[㊲　]という。

Step A

第1章
第2章
第3章
第4章
総合実力テスト

⑳ ＿＿＿＿＿
㉑ ＿＿＿＿＿
㉒ ＿＿＿＿＿
㉓ ＿＿＿＿＿
㉔ ＿＿＿＿＿
㉕ ＿＿＿＿＿
㉖ ＿＿＿＿＿

㉗ ＿＿＿＿＿
㉘ ＿＿＿＿＿

㉙ ＿＿＿＿＿
㉚ ＿＿＿＿＿
㉛ ＿＿＿＿＿
㉜ ＿＿＿＿＿
㉝ ＿＿＿＿＿
㉞ ＿＿＿＿＿

㉟ ＿＿＿＿＿
㊱ ＿＿＿＿＿
㊲ ＿＿＿＿＿

Step **A** ＞ Step **B-①** ＞ Step **C**

●時　間 35分　　●得　点
●合格点 75点　　　　　　　点

解答▶別冊 23 ページ

重要 **1** ［地層の観察］　図1は，山から海に向かって流れる川の経路を模式的に示したものである。川を流れる水は，もろくなった岩石を削り，削られた土砂を運んでいる。図2は，ある地点で観察できる地層を模式的に示したものである。次の問いに答えなさい。

（5点×8 − 40点）

〔図1〕
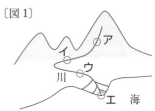

図1のア〜エの説明
ア…山腹にある深い谷
イ…扇状地付近
ウ…平野部
エ…河口付近

(1) 地表の岩石が，気温の変化や雨などのはたらきによって長い時間をかけてもろくなり，くずれていく現象を何というか。

(2) 文中の下線部のような，川を流れる水のはたらきを何というか。また，図1の○で囲まれた**ア〜エ**のうち，このはたらきが最も強く作用してつくられたところはどれか。記号で答えなさい。

(3) 図2のAの部分は大きく波うっている。このような地層の状態を何というか。また，大きく波うったときにAの部分にはたらいた力の向きとして，最も適当なものを次の**ア〜エ**から1つ選び，記号で答えなさい。ただし，矢印の向きは，はたらいた力の向きを示し，力の大きさはすべて同じであるとする。

〔図2〕
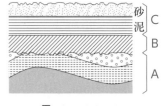
砂
泥
C
B
A

ア　　　　　　イ　　　　　　ウ　　　　　　エ
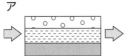 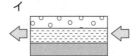 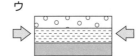 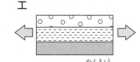

記述 (4) 図2のBの部分からはサンゴの化石が見つかっており，サンゴは地層ができた当時の環境を知ることのできる示相化石の1つとされる。このことから，Bの部分ができた当時の環境について考えられることを説明しなさい。

(5) 図2のCの部分は川から海に運ばれてきた堆積物によってつくられている。Cの部分の泥の層ができた当時の環境について，砂の層ができた当時の環境と比べながら述べた次の文の①(　　　)，②(　　　)に適する語句をそれぞれ選び，文を完成させなさい。

　　泥は，砂と比べて粒が①(**ア** 小さい　　**イ** 大きい)ため，泥と砂では海に流れこんだときの沈む速さが異なる。このことから，観察した地点は泥の層ができた当時のほうが砂の層ができた当時よりも河口から②(**ウ** 近い　　**エ** 遠い)海底だったと考えられる。

〔長崎−改〕

2 ［堆積岩］　A，Bの岩石の特徴は次のようになる。あとの問いに答えなさい。（5点×4 − 20点）
　A：直径1mm前後の角のとれた粒からなる岩石で，粒の部分はセキエイとチョウ石である。
　B：白っぽい岩石で，うすい塩酸をかけると気体が発生する。サンゴとフズリナの化石を含む。

(1) A，Bの岩石名を次の**ア〜オ**からそれぞれ1つずつ選び，記号で答えなさい。
　ア 砂岩　**イ** 泥岩　**ウ** 石灰岩　**エ** チャート　**オ** 凝灰岩

(2) Bの岩石ができた時代を，次の**ア〜ウ**から１つ選び，記号で答えなさい。

ア 古生代　　**イ** 中生代　　**ウ** 新生代

(3) Bにうすい塩酸をかけたときに発生する気体を答えなさい。

(1)	A	B	(2)	(3)

3 [地層と柱状図]　次の資料は，ある地域の地層の特徴（とくちょう）を示したものである。観察１，観察２について，あとの問いに答えなさい。

(8点×5－40点)

【資料】図１は，A〜Dの地点の標高と位置関係を示している。各地点で行われた調査から，次のことがわかっている。

・地層は平行に重なっていて，上下の逆転や断層はない。

・地層はある方角に低くなるように傾いて（かたむ）いている。

・凝灰岩（ぎょうかい）の層は，同じ時期に堆積（たいせき）したものである。

・A，B地点には，図２のような地層が露出（ろしゅつ）した急な斜面（しゃめん）がある。

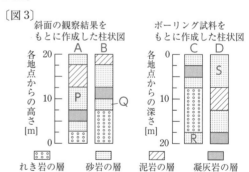

〔図１〕　A　80m　B　D　70m　50m　C　60m

〔図２〕　急な斜面

〔観察１〕　A，B地点を観察した結果をまとめると次のようになった。

・A，B地点のどちらの斜面にも，aれき岩，砂岩，泥岩（でい），凝灰岩でできた各層が見られた。

・A地点の斜面から，bビカリアの化石が見つかった。

〔観察２〕　A，B地点の斜面の観察結果と，C，D地点のボーリング試料をもとに，柱状図をつくると図３のようになった。

(1) 下線部aを区別するのは岩石をつくる粒（つぶ）の何か。次の**ア〜エ**から１つ選び，記号で答えなさい。

ア 色　　**イ** 形　　**ウ** かたさ　　**エ** 大きさ

(2) 下線部bと同じ地質年代の生物はどれか。次の**ア〜エ**から１つ選び，記号で答えなさい。

ア アンモナイト　　**イ** ナウマンゾウ　　**ウ** サンヨウチュウ　　**エ** フズリナ

図３　斜面の観察結果をもとに作成した柱状図　A　B　各地点からの高さ[m]　20　10　0　P　Q

ボーリング試料をもとに作成した柱状図　C　D　各地点からの深さ[m]　0　10　20　S　R

れき岩の層　砂岩の層　泥岩の層　凝灰岩の層

(3) A〜D地点に凝灰岩が見られることから，この地層が堆積した当時，どのようなことがあったといえるか，書きなさい。

(4) 次の文の　X　には，P〜Sの記号をあてはまる順に並べて書きなさい。また，（　Y　）には，北東，北西，南東，南西のうち最も適当なものを書きなさい。

　図３のP〜S層を堆積したのが古い順に並べると，　X　となる。また，この地域の地層は（　Y　）の方角に低くなるように傾いている。

(1)	(2)	(3)	(4)	X	Y

〔秋田－改〕

Step A　Step B-②　Step C

●時　間 40分　●得　点
●合格点 70点　　　　点

解答▶別冊 24 ページ

1 [地層の読みとり]　図1は，ある地域の地形を表した模式図であり，点線は等高線を表している。また，図2は，A～E地点における柱状図を示している。A，C地点の地表にはれき岩が，B，D，E地点の地表には砂岩が見られた。この地域の各地層は，ある傾きをもって平行に積み重なっており，曲がったり，ずれたりしていないものとして，次の問いに答えなさい。　　　　(8点×4－32点)

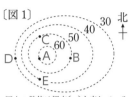

〔図1〕

図中の数値は標高〔m〕を表している。

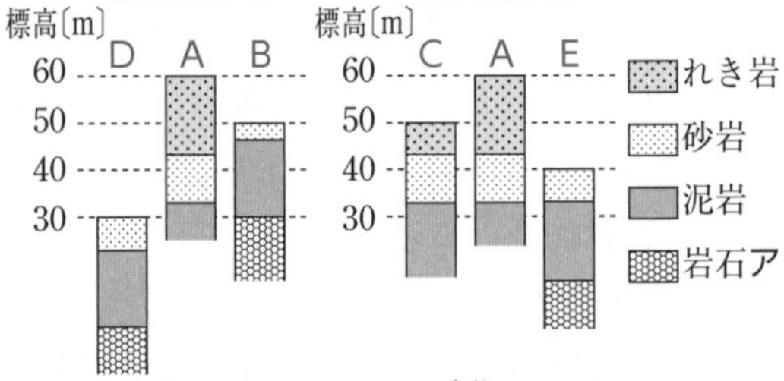

(1) 図1の地域の地層は，れき，砂，泥などが，海底に積もり固まって形成された岩石からできている。このような岩石を何というか，書きなさい。

記述 (2) 図2に示した岩石**ア**は，生物の遺がいなどが海底に積もってできたもので，石灰岩かチャートのいずれかである。岩石**ア**がどちらの岩石であるかをうすい塩酸をかけて調べる場合，石灰岩とチャートではどのような違いが見られるか，書きなさい。

〔図2〕

[東西方向]　　[南北方向]

標高〔m〕D A B　標高〔m〕C A E

れき岩
砂岩
泥岩
岩石ア

(3) 図1，2から，この地域の地層は，ある向きに低くなるように傾いていることがわかる。どの向きに，低くなっているか。次の**ア**～**エ**から1つ選び，記号で答えなさい。

ア 東　　**イ** 西　　**ウ** 南　　**エ** 北

記述 (4) 図2のれき岩，砂岩，泥岩のように，岩石を構成する粒の大きさがそれぞれ異なっているのは，河川から運ばれた土砂が海底に積もるとき，粒の大きさによって，海岸線から運ばれる距離が異なるからである。粒の大きさと運ばれる距離にはどのような関係があるか，書きなさい。

(1)		(2)	
(3)	(4)		

〔山　口〕

2 [地層と化石]　右の図はある地域に見られた地層の断面図である。次の問いに答えなさい。(4点×9－36点)

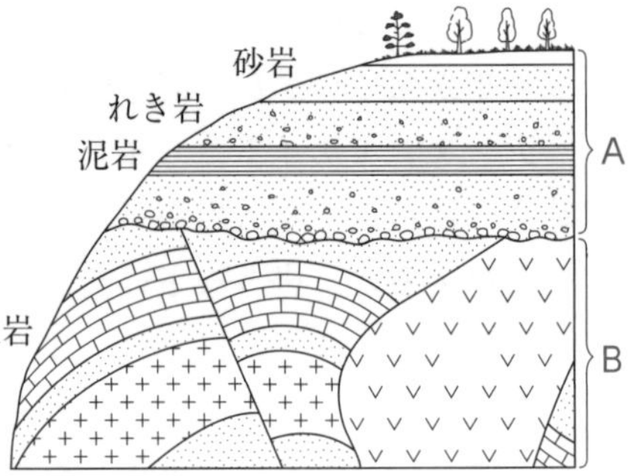

記述 (1) B層のように地層が波うったような状態を何といいますか。また，どのようにしてできたか，簡潔に書きなさい。

記述 (2) A層が堆積した当時の海の深さはどのように変化していったか，簡潔に書きなさい。

砂岩
れき岩
泥岩
石灰岩
A
B

(3) 石灰岩の層からサンゴの化石が見られた。このことから，当時の環境をどのように推定できるか，次の**ア**～**エ**から選びなさい。

ア あたたかい浅い海　　**イ** あたたかい深い海　　**ウ** 冷たい浅い海　　**エ** 冷たい深い海

(4) 次の文の（　①　）～（　③　）に適する語句を書きなさい。

　　A層のれき岩と泥岩の境目付近で清水が流れ出し，くずれやすくなっていた。これは，岩石

Step B

第1章
第2章
第3章
第4章
総合実力テスト

が長い年月の間に，（ ① ）変化や（ ② ），風にさらされてもろくなる（ ③ ）現象によるものである。

(5) B層の最上部の砂岩層に，アンモナイトの化石が発見された。右の**ア〜エ**から，①アンモナイトの化石を，また，②B層では決して発見できない化石をそれぞれ選びなさい。

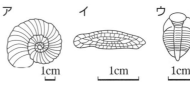

ア	イ	ウ	エ
1cm	1cm	1cm	1cm

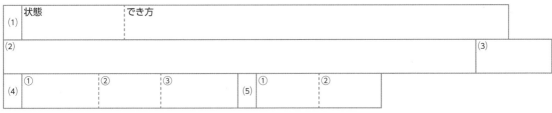

(1)	状態		でき方			
(2)						(3)
(4)	①	②	③		(5) ①	②

3 [地層のようす]　ある地域の地点P〜Rで，地層のようすを調べた。地点P〜Rの地表の海面からの高さ(海抜)はそれぞれ7.0m，9.0m，10.0mである。右の図は，地点P〜Rの地表から深さ5.0mまでの地層の重なり方を表した柱状図である。なお，この地域に見られる地層は，すべて水平に広がっており，

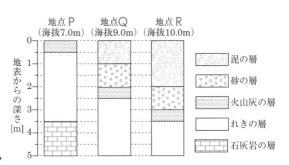

地点P（海抜7.0m）　地点Q（海抜9.0m）　地点R（海抜10.0m）

地表からの深さ[m]

凡例：泥の層／砂の層／火山灰の層／れきの層／石灰岩の層

それぞれの層の厚さは一定である。また，この地域では，地層は上の層ほど新しく，断層はないものとする。あとの問いに答えなさい。
(8点×4−32点)

(1) この地域に見られる石灰岩の層の一部をとり出し，うすい塩酸をかけると気体が発生した。この気体は何か，名称を書きなさい。

重要 (2) 次の文は，図中の泥の層と砂の層が堆積した場所について述べたものである。文中の（ ① ），（ ② ）にあてはまる語句の組み合わせとして最も適当なものを，下の**ア〜エ**から1つ選び，記号で答えなさい。

　　泥と砂を比べると（ ① ）のほうが河口から離れた深い沖合の海底に堆積する。図中の地層の重なり方から，地層がつくられた場所の水面からの深さは，泥の層や砂の層がつくられている間に，（ ② ）なっていったと考えられる。
ア ①砂　②浅く　　**イ** ①砂　②深く　　**ウ** ①泥　②浅く　　**エ** ①泥　②深く

(3) 地点Qで地表から真下に掘り進めるとき，石灰岩の層が現れるのは地表からの深さが何mのところか，書きなさい。

(4) この地域で，地表の海面からの高さ(海抜)が8.5mの地点Sでの柱状図として最も適当なものを，右の**ア〜エ**から1つ選び，記号で答えなさい。

(1)		(2)	(3)
(4)			

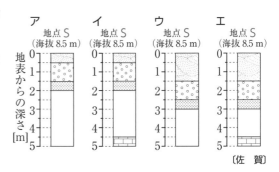

ア　地点S（海抜8.5m）　イ　地点S（海抜8.5m）　ウ　地点S（海抜8.5m）　エ　地点S（海抜8.5m）

地表からの深さ[m]

〔佐賀〕

15　自然の恵みと火山災害・地震災害

Step A　Step B　Step C

解答▶別冊 24 ページ

1 地震と災害

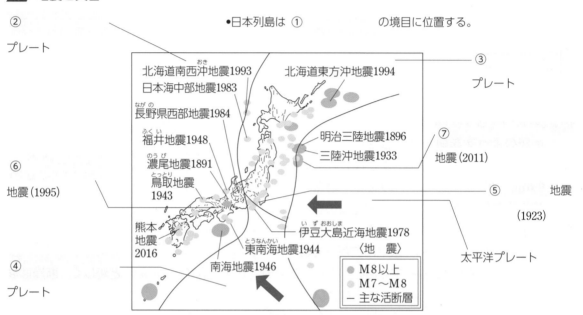

② プレート

③ プレート

④ プレート

⑤ 地震（1923）

⑥ 地震（1995）

⑦ 地震（2011）

太平洋プレート

•日本列島は ① 　　　　　の境目に位置する。

北海道南西沖地震1993
日本海中部地震1983
長野県西部地震1984
福井地震1948
濃尾地震1891
鳥取地震1943
熊本地震2016
伊豆大島近海地震1978
東南海地震1944
南海地震1946

北海道東方沖地震1994
明治三陸地震1896
三陸沖地震1933

〈地　震〉
● M8以上
● M7〜M8
— 主な活断層

2 自然の利用（恩恵）

⑨, ⑱, ⑲以外は，地熱発電所には〝地〟，風力発電所には〝風〟を記入。

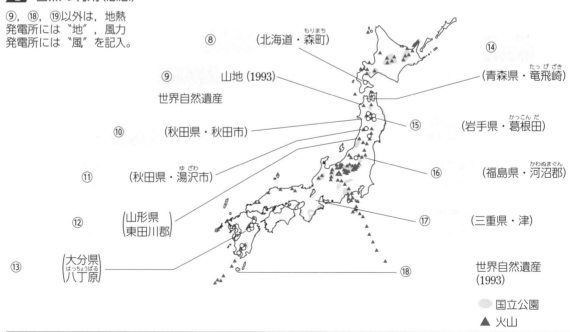

⑧ （北海道・森町）

⑨ 山地（1993）世界自然遺産

⑩ （秋田県・秋田市）

⑪ （秋田県・湯沢市）

⑫ （山形県 東田川郡）

⑬ （大分県 八丁原）

⑭ （青森県・竜飛崎）

⑮ （岩手県・葛根田）

⑯ （福島県・河沼郡）

⑰ （三重県・津）

⑱ 世界自然遺産（1993）

国立公園
▲ 火山

・火山地域では ⑲ 　　　　がわき出し，自然景観が美しい国立公園が多くあり，保養・休養に利用されている。

▶次の[　　]にあてはまる語句を入れなさい。

3 自然災害と恩恵

① 日本列島は，地球上の[⑳　　　]の境目に位置していて，[㉑　　　]が起こりやすく（世界の約10％），また，火山も多く分布している。

② 大きな地震は，建造物の崩壊，土砂くずれ，地すべりなどの直接災害，また[㉒　　　]やライフライン（ガス・水道・電気）の寸断などによる二次災害をひき起こす。

③ 海底下に震源があるとき，[㉓　　　]が発生し，震源から離れた所でも大きな被害をもたらすことがある。

④ 火山活動では，火砕流，溶岩流や有毒な火山ガス，広範囲に降る[㉔　　　]による災害などがある。

⬆桜島の火山灰でうもれた鳥居

⑤ 火山活動はときに美しい景観をつくるため，火山地域には国立公園も多く，また[㉕　　　]もわき出し，ともに保養地として役立っている。

⑥ 火山の熱（地下のマグマの熱）を利用した[㉖　　　]発電所など，恵みを与えてくれる。

⑦ このように，自然現象は，人間にとって[㉗　　　]となること，恩恵となることの両面があり，自然との調和をはかる必要がある。

4 自然災害への対策

① 火山噴火，[㉘　　　]，急激な気象変化などの自然現象を人間の力でとめることはむずかしい。

② 過去に起こった災害を教訓にして，災害を予測して被害を[㉙　　　]にするための備えをすることや，火山噴火や地震の[㉚　　　]に向けて，火山性地震や山体の隆起の観測などが重要である。

③ 各地域の[㉛　　　]を作成し，防災訓練などで被害を最小限にする。

④ 緊急地震速報とは，地震が発生したときに生じる[㉜　　　]波を震源に近い地震計で感知し，[㉝　　　]波の到着時刻を予想して各地に伝えるものである。これは，[㉜]波と[㉝]波の[㉞　　　]の違いを利用している。

⑳ _____

㉑ _____

㉒ _____

㉓ _____

㉔ _____

㉕ _____

㉖ _____

㉗ _____

㉘ _____

㉙ _____

㉚ _____

㉛ _____

㉜ _____

㉝ _____

㉞ _____

●時　間 45分	●得　点
●合格点 75点	点

解答▶別冊 25 ページ

1 [緊急地震速報]　図1は，地震計に記録されるゆれのようすを模式的に表したものである。下の表は，地下のごく浅い場所で発生したある地震について，観測地点A，B，Cにおける各地点の震源からの距離と，P波が到着した時刻と，地点AにS波が到着した時刻をまとめたものである。地点A，B，Cは同じ水平面上にあり，発生するP波，S波はそれぞれ一定の速さで伝わるものとして，あとの問いに答えなさい。　　　　　　　　　　　　　　　　　(5点×4－20点)

〔図1〕

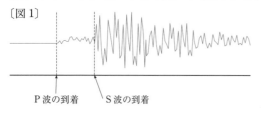

P波の到着　　S波の到着

	震源からの距離	P波が到着した時刻	S波が到着した時刻
地点 A	120 km	9 時 45 分 46 秒	9 時 46 分 02 秒
地点 B	30 km	9 時 45 分 28 秒	—
地点 C	60 km	9 時 45 分 34 秒	—

(地点B，CにS波が到着した時刻は示していない。)

(1) 表の結果から，この地震のS波の速さはP波の何倍になるか，小数第1位まで求めなさい。

(2) 震源近くの地震計がP波による小さなゆれを観測すると，S波による大きなゆれの到着時刻や震度などを予想して各地に知らせる情報を，緊急地震速報という。表をもとにして，震源からの距離と，緊急地震速報を受信してからS波が到着するまでの時間との関係を表すグラフを，図2に描きなさい。ただし，表の地震では，震源からの距離が30kmのところに設置された地震計がP波によるゆれを観測し始めてから4秒後に，震源から120kmまでのすべての地点で緊急地震速報が受信されるものとする。なお，緊急地震速報を受信する前にS波が到着する場合のグラフは書かないものとする。

〔図2〕

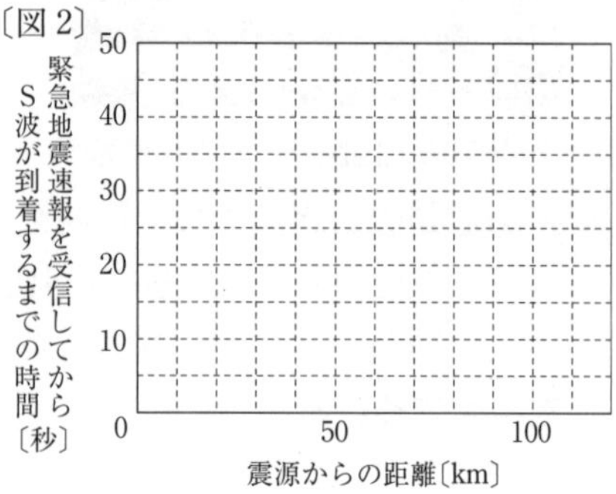

縦軸：緊急地震速報を受信してからS波が到着するまでの時間〔秒〕　0, 10, 20, 30, 40, 50
横軸：震源からの距離〔km〕　0, 50, 100

(3) 次の文の（　①　），（　②　）にあてはまる内容を書きなさい。

　　緊急地震速報は，P波とS波の（　①　）の違いを利用して，事前に強いゆれがくることを伝えている。しかし，震源に（　②　）地域ではP波とS波の到着時刻に差がなく，速報が間に合わないことがある。

(1)	(2)（図に記入）	(3) ①	②

〔愛知－改〕

2 [日本の災害対策]　日本は地震や火山噴火によって多くの災害が起こる国である。次の問いに答えなさい。　　　　　　　　　　　　　　　　　(5点×4－20点)

(1) 自然災害による被害の軽減や防災対策に使用する目的で，被害が予想される地域や避難場所・避難経路などの情報を地図にしたものを何というか。名称を書きなさい。

(2) 次の文の（　①　），（　②　）にあてはまる語句を書きなさい。

　　海溝型地震は，震央が海の中である場合が多く，津波が発生すると震源から（　①　）場所でも大きな被害が出ることがある。また，気象庁から発表される警報が間に合わない場合もあるので，特に海岸付近ではゆれを感じたら安全な（　②　）に避難することが重要である。

(3) 地震のゆれにより，地面が液体状になると建物が倒れるなどの被害が出る。この現象を何というか。名称を書きなさい。

(1)		(2)	①		②	(3)	

3 [災害と恩恵]　右の図の▲は火山，○はその地形を利用した施設の位置を示している。次の問いに答えなさい。

◯ 国立公園

(5点×10＝50点)

(1) 日本列島付近の地震の震央の分布と，右の図の火山の分布とは，おおよそ一致しているといえますか。

記述
(2) 日本列島は，世界で地震の多い地域（世界の約10％）だが，これは地下の特徴的なようすのためである。その特徴的なようすとは何か。簡潔に答えなさい。

(3) 海底を震源とする地震が起こった場合，ゆれによる災害以外に，何による災害に注意する必要がありますか。

(4) 右の図のA，Bの火山名を，次の**ア～カ**から選び，記号で答えなさい。

ア 浅間山　　**イ** 富士山　　**ウ** 三原山　　**エ** 雲仙岳　　**オ** 有珠山　　**カ** 阿蘇山

(5) 火山活動によってもたらされる災害を，"——による災害"と表して2つ書きなさい。

(6) 図中の○はその地形を利用した，エネルギーに関する施設である。何というか。また，何を利用して行っているか。10字以内で簡潔に書きなさい。

(7) 次の文中の（　）内に適する語句を漢字2字で答えなさい。

　　火山活動は(6)の恩恵を与えてくれるとともに，（　　　）もわき出し，美しい景観をつくるため国立公園も多く，保養地として利用されている。

(1)		(2) 日本列島は					(3)	
(4)	A	B	(5)		による災害	による災害		
(6)	名称	利用			(7)			

4 [日本列島]　日本列島は，地震列島，火山列島でもあるため，地震，火山による災害も多いが，いろいろな恩恵ももたらしている。次の問いに答えなさい。

(5点×2＝10点)

(1) 私たちは，火山からいろいろな恩恵を受けているが，火山の恩恵とは関係のないものを，次の**ア～オ**から2つ選び，記号で答えなさい。

　　ア 地熱発電が行われる。　　**イ** 化石燃料が得られる。　　**ウ** 美しい景観をつくる。
　　エ 温泉がわき出る。　　　　**オ** 火力発電が行われる。

(2) 近年，特に強い地震が発生した場合に各種メディアを通じて緊急地震速報が発表されているが，この速報は震度がいくら以上のゆれが予想される地域がある場合に出されますか。

(1)	(2) 震度（　　　）以上

Step A 〉 Step B 〉 Step C-③

●時間 40分　●得点
●合格点 75点　　　　点

解答▶別冊 25 ページ

1 ある地域のボーリング調査の結果を用いて，地層について調べた。〔図1〕
図1は，地形の断面を模式的に表したものであり，X，Y，Zは
ボーリング調査をした地点を示している。図2は，X，Y，Zの
3地点における地下の地層を柱状図で表したものである。この地
域では断層やしゅう曲はなく，地層は海底で水平に堆積したとし
て，あとの問いに答えなさい。　　　　　　　　(4点×7－28点)

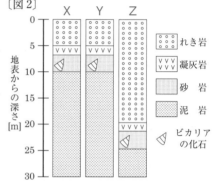

(1) ビカリアなどの化石は，その化石が含まれる地層が堆積
した年代の推定に利用できる。この理由を簡潔に書きな
さい。また，このような化石を何というか，書きなさい。

(2) 凝灰岩の層は，この地域で起こったあるできごとにより
できた地層である。あるできごととは何か，書きなさい。

(3) 次の文は，図2からわかることについて，まとめたもの
である。文中の　①　，　②　にあてはまる語を，それ
ぞれ書きなさい。また，③(　　)内のア，イから正し
いものを，選びなさい。

　　図2の地層で，最も古い層は　①　岩で，最も新しい層は　②　岩であることから，この地
域は，地層が重なる過程において，海岸③(ア　に近く　　イ　から遠く)なっていったと推測
できる。

(4) 図1，図2から判断すると，X，Y，Zの3地点における凝灰岩がある層の標高を，それぞれ
x〔m〕，y〔m〕，z〔m〕としたとき，それぞれの関係はどのように表せるか。次のア～エか
ら最も適切なものを1つ選び，記号で答えなさい。

ア　x と y とは等しい。

イ　x と y は等しく，y は z より小さい。

ウ　x は y より小さく，y は z より小さい。

エ　x は y より大きく，y は z より大きい。

〔群　馬〕

2 右の図は，山を歩いて見つけたがけの断面のスケッチで，Aは
れき岩層，Bは砂岩層と泥岩層，Cは火成岩である。次の問い
に答えなさい。　　　　　　　　　　　　　　(5点×6－30点)

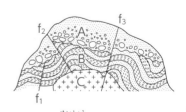

(1) 図のA層とB層とを見ると，この地域がかつて大きな地殻変動
を受けたことがわかる。B層のように地層が曲がっている状態
を何というか。また，A層とB層との重なり方を何というか。それぞれの名称を書きなさい。

(2) 図の断層のうち，最も新しいものを，f₁〜f₃から１つ選びなさい。

記述 (3) 図のA層，B層およびCの岩石のうち最も古いものはどれか。A〜Cのうちから１つ選びなさい。また，その理由を40字以内で書きなさい。

(4) 図のB層には，サンゴの化石が含まれている。このB層が堆積した当時の自然環境を，10字以内で書きなさい。

(1)	状態	重なり方	(2)	(3)	記号
理由					
(4)					

〔滋 賀〕

3 下の図は海岸近くの地層や岩石の重なり方を，模式的に示したものである。次の問いに答えなさい。

(7点×6 − 42点)

(1) Aのがけは海の波（流水）によって，堆積岩がけずられてできたと考えられる。このような流水のはたらきを何といいますか。

(2) C層は海底で堆積し，上昇して現在陸化している。このような大地の変動を漢字２字で書きなさい。

難 (3) C層とD層のように，X—Yを境にして重なり方が著しく異なっている（不整合という）のは，次のア〜エのことがらが，どのような順で起こったからか。古い順に記号を並べなさい。

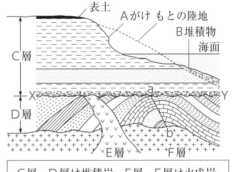

C層，D層は堆積岩。E層，F層は火成岩。
a−bは地層のずれ。

　ア　D層がけずられた。
　イ　D層が下降した。
　ウ　D層が上昇した。
　エ　C層が堆積した。

記述 (4) C層が堆積した期間，海水面にどのような変化が起きたと考えられますか。

(5) a—bを境にして，地層がたち切られてずれている。これは，どのようにしてできたものか。次のア〜エから１つ選び，記号で答えなさい。

　ア　面を境にして，両側から引く力がはたらいてずれた。
　イ　面を境にして，両側からおす力がはたらいてずれた。
　ウ　C層の重さでずれた。
　エ　E層が貫入したときの力でずれた。

(6) D層に見られる，地層の波うった状態を何といいますか。

(1)		(2)	(3)	(4)	
(5)	(6)				

総合実力テスト

●時 間 60分　　●得 点
●合格点 75点　　　　　点

解答▶別冊 26 ページ

1 次の問いに答えなさい。

(2点×6 − 12点)

(1) 図1のように，鏡と光源装置を用いて光の反射に関する実験を行った。鏡は円板に対して垂直にたっており，Pを軸として回転させることができる。また，その高さは8cm，幅は下の円板の直径と同じである。

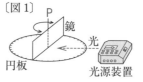

〔図1〕

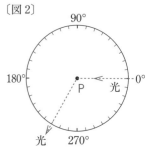

〔図2〕

① 図2は円板を上から見たときの光の道筋を示している。このように光が進むとき，鏡はどのように置かれているか，その位置を図2に――で記入しなさい。

② ①のときの反射角は何度になるか。書きなさい。

〔茨城−改〕

(2) 火山の噴火，噴出物，火山の形，岩石などの特徴は，マグマの粘り気と関係が深く，マグマの粘り気の大小によって，それらの特徴がどう違うのか，下の表にまとめた。①〜④に最も適当なものを，次の**ア〜ク**からそれぞれ選び，記号で答えなさい。ただし，同じ記号は一度しか使わないものとする。

ア 比較的おだやかな噴火←→激しく爆発的な噴火

イ 激しく爆発的な噴火←→比較的おだやかな噴火

ウ 溶岩が広範囲に流れ出る←→大量の火山灰を噴出する

エ 大量の火山灰を噴出する←→溶岩が広範囲に流れ出る

オ ドーム状に盛り上がった形←→なだらかに広がった形

カ なだらかに広がった形←→ドーム状に盛り上がった形

キ 白っぽい火成岩←→黒っぽい火成岩

ク 黒っぽい火成岩←→白っぽい火成岩

マグマの粘り気	大きい←→小さい
噴火のようす	①
主な火山活動	②
火山の形	③
岩　石	④

(1)	①（図に記入）	②	(2)	①	②	③	④

〔国立工業高専〕

2 右のグラフは，温度と水100gに溶かすことのできる物質の質量の関係を表している。次の問いに答えなさい。

(2点×4 − 8点)

(1) グラフの中の物質の水溶液で，色がついているのはどれですか。

(2) 硫酸銅の60℃での飽和水溶液の質量パーセント濃度を，60℃での溶解度を40とし，四捨五入して整数値で求めなさい。

(3) 硝酸カリウムの溶解度は，50℃では85で，20℃で32になる。50℃の水50gに硝酸カリウムを最大量溶かし，この水溶液を20℃まで下げると，何gの硝酸カリウムの結晶が出てきますか。

(4) (3)のようにして結晶をとり出す方法を何といいますか。

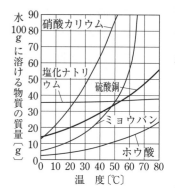

(1)	(2)	(3)	(4)

3 次の文は気体 A, B, C, D, E についての性質を述べたものである。これについて, あとの問いに答えなさい。 (2点×7－14点)

・Bは黄緑色, A, C, D, Eは無色で, A, Eは無臭である。
・Aは水にほとんど溶けず, Eは少し溶け, Bはかなり溶け, C, Dは非常によく溶ける。
・水溶液にリトマス紙を入れると, Aは変化せず, Bは白色に, C, Eは青色が赤色に, Dは赤色が青色に変化する。
・Aは空気中で燃えるが, ほかの気体は燃えない。CとDが合うと白煙を生じる。Eを石灰水に通すと白く濁る。

(1) A, B, C, D, Eは何か。次の**ア～キ**からそれぞれ1つずつ選び, 記号で答えなさい。
　ア 窒素　**イ** 水素　**ウ** 酸素　**エ** アンモニア　**オ** 塩素
　カ 二酸化炭素　**キ** 塩化水素

(2) 気体Dは空気より軽い。Dを捕集するのに最も適当な方法を, 次の**ア～オ**から1つ選び, 記号で答えなさい。また, その捕集方法の名称も答えなさい。

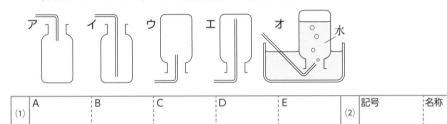

(1)	A	B	C	D	E	(2)	記号	名称

〔就実高－改〕

4 震源がごく浅い地震の観測記録を, 震源から近い順に上から並べると右の図のようになった。次の問いに答えなさい。 (2点×9－18点)

(1) 初期微動継続時間 t〔s〕と震源からの距離 d〔km〕の間の関係式を図より求めなさい。

(2) 地下を伝わるP波の速さとS波の速さは, それぞれ何km/sか。

(3) 地震が発生した時刻は何時何分何秒か。

（図：震源からの距離〔km〕 50, 100, 150 と時刻 14時29分00秒, 14時29分30秒, 14時30分00秒〔時刻〕）

(4) 次の①～⑤の文章で正しいものには○印, 誤っているものには×印をつけなさい。

　① 地震は地球上のどこでもまんべんなく発生する。
　② 世界の地震の分布と火山の分布の間にはほとんど関係がない。
　③ 地震活動は太平洋をとりまく地域で活発である。
　④ 震源からの距離が等しい場所では, 震度はどこでも同じである。
　⑤ マグニチュード7.5の地震のエネルギーは, 6.5の地震のエネルギーの約30倍である。

(1)		(2)	P波	S波	(3)	
(4)	①	②	③	④	⑤	

〔同志社高－改〕

5 次の各問いに答えなさい。

（2点×11－22点）

(1) 図1は，光源でフィルムを照らし，凸レンズでその像をついたて の上に結ばせるときのようすを示したものである。

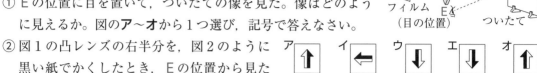

〔図1〕 凸レンズ フィルム（目の位置） E ついたて

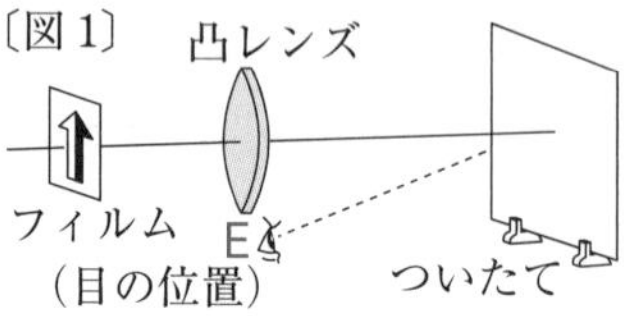

① Eの位置に目を置いて，ついたての像を見た。像はどのよう に見えるか。図の**ア～オ**から1つ選び，記号で答えなさい。

② 図1の凸レンズの右半分を，図2のように 黒い紙でかくしたとき，Eの位置から見た ついたての像の形と明るさは，①の問いで得られた像の形と明る さと比べてどうなるか。次の**ア～エ**から1つ選び，記号で答えな さい。

ア ↑ イ ← ウ ↓ エ ↓ オ ↑

〔図2〕 凸レンズ 黒い紙 フィルム側 ついたて側

ア 像の形は同じで，像の明るさは暗くなる。

イ 像の形は同じで，像の明るさは変わらない。

ウ 像の形は半分に切られ，像の明るさは暗くなる。

エ 像の形は半分に切られ，像の明るさは変わらない。

③ 図3のように，凸レンズを穴のあいている紙でおおった。 このとき，レンズの前に置いた実物（矢印）のA点の像は どの位置にできるか。図3の**ア～エ**から1つ選び，記号 で答えなさい。ただし，a, b, c, d の長さは同じである。

〔図3〕 A 実物 焦点 黒い紙 凸レンズ 焦点 ア イ ウ エ

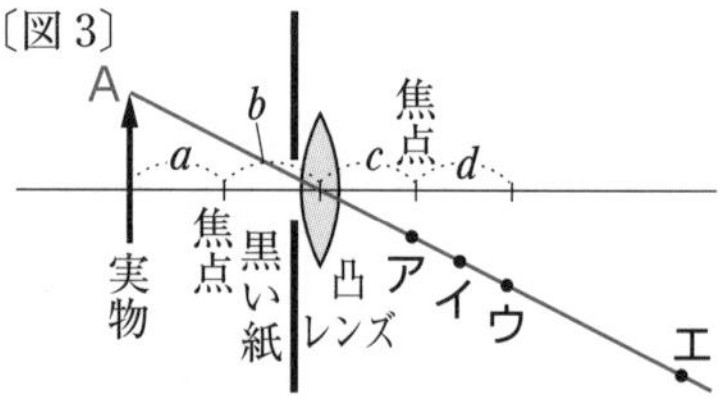

(2) 図4のようなモノコードを用いて， 弦の長さや弦の直径，おもりの質 量を変え，弦をはじいて音の高さを比べたところ，表の結果が得られ た。次の①～③に，表の**ア～カ**の記号を用いて答えなさい。

記 号	**ア**	**イ**	**ウ**	**エ**	**オ**	**カ**
弦 の 長 さ	30cm	30cm	30cm	60cm	60cm	60cm
弦 の 直 径	0.2mm	0.8mm	0.8mm	0.2mm	0.8mm	0.4mm
おもりの質量	200g	400g	800g	200g	200g	400g

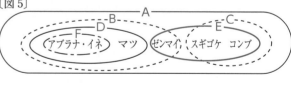

〔図4〕 弦の長さ 木片 おもり

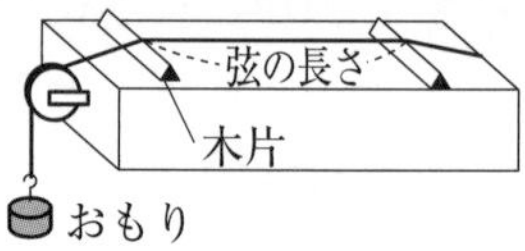

① 最も低い音になるのはどれか。

② 弦の太さと音の高さを調べるには，どの2つを比べればよいか。

③ 弦の張る強さと音の高さを調べるには，どの2つを比べればよいか。

(3) 6種類の生物を類似点によりA～Fのグ ループに図5のように分けた。

〔図5〕 A B D F（アブラナ・イネ） マツ ゼンマイ E C スギゴケ コンブ

① 次のa～dのグループをA～Fから それぞれ1つずつ選び，記号で答え なさい。

a 種子をつくらないでなかまをふやすグループ

b 根・茎・葉の区別があるグループ c 光合成を行うグループ

d 種子・果実をつくるグループ

② Eのグループに入る生物を次の**ア～カ**からすべて選び，記号で答えなさい。

ア ツユクサ **イ** ワラビ **ウ** スギナ **エ** イチョウ **オ** ワカメ **カ** ソテツ

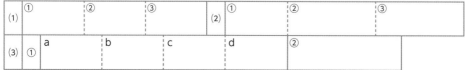

(1)	①	②	③	(2)	①	②	③
(3)	① a	b	c	d	②		

〔国立工業高専－改〕

6 ばねA，Bを使って，図1，2の実験をした。質量100gのおもりをつるすと，ばねAは5cm，ばねBは2cm伸びる。摩擦やばねの重さは考えないものとして，次の問いに答えなさい。 （1点×2－2点）

〔図1〕　〔図2〕
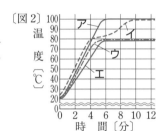

(1) 図1のようにAとBのばねにそれぞれ質量100gのおもりをつるし，AのばねとBのばねをつないだとき，Aのばねは何cm伸びますか。

(2) 図2のようにBの一方を床に固定し，Aにおもりをつるしたところ，Aは15cm伸びた。このとき，Bは何cm伸びていますか。

(1)	(2)

7 図1のような装置で，液体の沸点を調べた。図2は，このときの温度変化のグラフである。また，表は，純粋な物質A～Fの融点と沸点をまとめたものである。次の問いに答えなさい。 （1点×3－3点）

〔図1〕
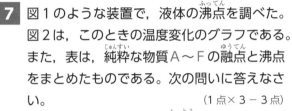
温度計／沸点を調べる物質／水／沸騰石

〔図2〕
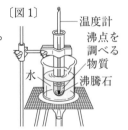
温度〔℃〕　時間〔分〕

(1) 図1のように，試験管に沸騰石を入れる理由を書きなさい。

(2) 図2で混合物であると考えられる液体はどれか。グラフ中の**ア**～**エ**から1つ選び，記号を書きなさい。

純粋な物質	A	B	C	D	E	F
融点〔℃〕	－39	81	54	－116	17	－218
沸点〔℃〕	357	218	174	35	118	－183

(3) 表の物質のうち，30℃のとき，液体の状態であるものを，A～Fからすべて選び，記号を書きなさい。

(1)	(2)	(3)

〔富　山〕

8 近くの水たまりの水をとってきて，顕微鏡で観察した。図A～Dはそのときのスケッチである。次の問いに答えなさい。 （1点×3－3点）

A ゾウリムシ　　B ミドリムシ　　C ミジンコ　約300倍　　D ケイソウ 約15倍 約200倍

(1) 顕微鏡操作で，次のa～fを正しい手順に並べたものを，あとの**ア**～**エ**から選びなさい。

a：対物レンズをとりつける。

b：プレパラートをのせ，横から見ながら対物レンズをおろす。

c：反射鏡の角度を変え，視野を明るくする。　　d：接眼レンズをとりつける。

e：ピントを合わせる。　　f：プレパラートを視野の中央にくるようにする。

ア a，d，c，b，e，f　　**イ** a，d，b，c，f，e

ウ d，a，c，b，e，f　　**エ** d，a，b，c，f，e

(2) 顕微鏡の倍率を70倍から150倍に変えると，視野はどうなるか。次の**ア**～**エ**から選びなさい。

ア 明るくなり視野が広くなる。　　**イ** 暗くなり視野が広くなる。

ウ 明るくなり視野が狭くなる。　　**エ** 暗くなり視野が狭くなる。

(3) 図Aを観察するとき，どの倍率が適当か。次の**ア〜エ**から選びなさい。

ア 50倍　**イ** 100倍　**ウ** 200倍　**エ** 400倍

(1)	(2)	(3)	

〔大阪体育大浪商高－改〕

9 図1はある地域の断面を示した模式図である。この図と次の説明文について，あとの問いに答えなさい。（2点×9－18点）

〔図1〕

〔地層Ａ〕　① 肉眼では大きさがわからないほど細かい粒（つぶ）が集まってできている。

② アサリの化石を含（ふく）んでいる。

③ 下部に丸いれきを含んでいる。

〔地層Ｂ〕　④ 直径1mm程度の粒が集まってできている。

⑤ 直径が0.5mm程度の粒が集まってできている。

⑥ サンゴの化石を含んでおり，塩酸をかけると気体が発生する。

〔岩石Ｃ〕　セキエイ，チョウ石，クロウンモの大きな結晶（けっしょう）だけで，できている。

〔岩石Ｄ〕　顕微鏡（けんびきょう）で観察すると，図2のようなつくりをしている。

〔図2〕チョウ石 キ石 カクセン石 チョウ石 1mm

(1) Ｃ，Ｄの岩石名と地層⑥をつくっている岩石名を次の**ア〜ケ**からそれぞれ1つずつ選び，記号で答えなさい。

ア 安山岩　**イ** 花こう岩　**ウ** 凝灰岩（ぎょうかい）　**エ** 砂岩（せっかい）　**オ** 石灰岩

カ 泥岩（でい）　**キ** 斑（はん）れい岩　**ク** 流紋岩（りゅうもん）　**ケ** れき岩

(2) Ｃの岩石のでき方として最も適当なものを，次の**ア〜エ**から1つ選び，記号で答えなさい。

ア マグマが地下の深いところでゆっくり冷え，大きな結晶の集まりになった。

イ マグマが地下の深いところで急激に冷え，大きな結晶の集まりになった。

ウ マグマが地表近くでゆっくり冷え，大きな結晶の集まりになった。

エ マグマが地表近くで急激に冷え，大きな結晶の集まりになった。

(3) 図2のチョウ石，カクセン石，キ石の大きな結晶の部分は，どのようなでき方をしたと考えられるか。そのでき方を15字以内で答えなさい。

(4) 地層②はどのような環境（かんきょう）で堆積（たいせき）したと考えられるか。次の**ア〜エ**から1つ選び，記号で答えなさい。

ア 深い海　**イ** 河口付近の海　**ウ** 川の上流　**エ** 淡水（たんすい）の湖

(5) $x-x'$，$y-y'$で示される面は，それぞれ何とよばれるか。その名称（めいしょう）を答えなさい。

(6) この地域は少なくとも何回隆起（りゅうき）したと考えられるか。その回数を答えなさい。

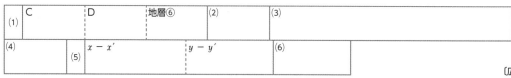

〔広島大附高〕

ハイクラステスト
中1 理科
解答編

解 答 編

第1章 光・音・力

1│光の性質とレンズ

Step A　解答

本冊▶p.2〜p.3

① 反射角　② 入射角　③ ＞　④ 屈折角
⑤ 屈折光　⑥ 焦点　⑦ 焦点距離
⑧ 焦点　⑨ 平行　⑩ 焦点
⑪ 直進　⑫ 小さ　⑬ (倒立)実像
⑭ 同じ　⑮ (倒立)実像　⑯ 大き
⑰ (倒立)実像
⑱ 直進　⑲ 全反射
⑳ ウ　㉑ イ　㉒ ウ
㉓ ア　㉔ オ　㉕ イ
㉖ エ　㉗ (右図)
㉘ 実像　㉙ 虚像
㉚ (右図)
㉛ (右図)

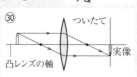
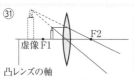

解説

⑲ 全反射は，水やガラス(密度が大きい物質)から空気(密度が小さい物質)へと入射するときにのみ起こる現象で，密度小→密度大へ進むときには起こらない。

㉗ 光線をひく順序をマスターする。

㉚・㉛ 作図をするときには，凸レンズの軸に平行な光線はレンズを通過したあと，焦点を通ることを利用する。凸レンズの焦点は左右2か所あることを忘れないようにする。

Step B-①　解答

本冊▶p.4〜p.5

1 (1) 反射　(2) イ，ウ　(3) 屈折　(4) オ　(5) エ
2 (1) (入射角) イ
　　　(屈折角) カ
　　(2) ウ
　　(3) 全反射
3 (1) (右図)
　　(2) イ

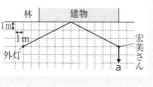

解説

1 (2) 右の図のように，鏡の両端で反射して点Aに届く光の範囲を考える。この範囲内にある点がAから鏡を通して見える範囲である。

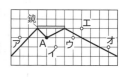

(4) 点Xからガラスを通って点Aに進む光は，ガラスに入るときと出るときの2回屈折する。屈折して点Aまで

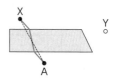

進む光は，ガラスを通らずに点Aまで進む光よりも左側にずれて見える。

(5) ガラス面に垂直に入射した光は直進し，ガラス内を直進した光が空気との境界面において全反射したため，点Aから点Yの位置にある棒は見えない。

2 (1) 図2のイが入射角，ウが反射角，カが屈折角である。

(2) 光がガラス中から空気中へ進むとき，入射角＜屈折角となる。また，入射角＝反射角となる。

(3) 入射光が屈折面ですべて反射する現象を，全反射という。

3 (1) 入射角＝反射角となるように作図する。

(2) 宏美さんがaの方向に移動するほど，宏美さんが見ている建物で反射する外灯の入射角は小さくなる。建物の左端で外灯の光が反射するときが，最も入射角が小さくなるときである。

Step B-②　解答

本冊▶p.6〜p.7

1 (1) (下図)　(2) a　(3) イ，オ　(4) ア
2 (1) (下図)　(2) 3つ
3 (1) ウ　(2) ウ
4 (1) (a) ウ　(b) ウ　(2) (a) 1回　(b) 3回

1 (1)

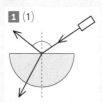

2 (1)

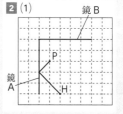

解説

1 (1) 入射角＝反射角，屈折光は右の図を参考にする。

②境界面に近づくように屈折
①境界面より遠ざかるように屈折

(2) 全反射は，光がガラスから出るときの屈折角が90°になる場合に起こる。右の図の①では起こらない。②は入射角を大きくしていくと屈折角も大きくなり，屈折角が90°になると全反射が起こる。

2 (1)(2) 下の図のように作図する。

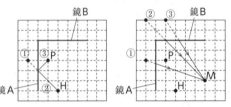

3 (2) 焦点 F_1 上にある B から出る光を考えると，凸レンズの軸に平行な光は F_2 を通る。B から O 点を通る光は直進する。焦点上にある物体は像をつくらないので，この 2 つの光線は平行となる。C を通る光も像をつくらないので，この 2 つの光線と平行な光となる。

4 (1) 正三角形を組み合わせた万華鏡では，底面の正三角形を基準に，それぞれの辺が対称の軸となる線対称な像を考える。

(2)(1) を何回くり返すとその位置に像ができるかを考える。

2│音の性質

① 振幅　② 大き　③ 大き　④ 振幅　⑤ 小さ
⑥ 小さ　⑦ 弦の長さ　⑧ 弦の張り方　⑨ 短い
⑩ 強い　⑪ 細い　⑫ 長い　⑬ 太い　⑭ 振幅
⑮ 波長　⑯ 波長　⑰ 周期　⑱ 小さい
⑲ 大きい　⑳ 少ない　㉑ 多い　㉒ 振動数
㉓ 周期　㉔ 音源(発音体)　㉕ 振幅　㉖ 大きく
㉗ 振動数　㉘ ヘルツ　㉙ 高く　㉚ ア　㉛ エ
㉜ 340　㉝ 真空　㉞ 液体　㉟ 固体　㊱ 固体
㊲ 気体　㊳ ウ　㊴ カ　㊵ オ

解説

①〜⑥ 弦をはじく強さを変えると，音の大小が変わる。
⑦〜⑬ 弦の長さ，弦の張り方，弦の太さを変えると，音の高低が変わる。

⑭〜㉑ オシロスコープは，音の振動のようすを波形で表すことができる。音の波形の振幅の大きさが音の大小を表し，振動数が音の高低を表す。

㉗〜㉙ 1 秒間の振動の回数を振動数といい，単位はヘルツ(Hz)で表す。振動数が多いほど高い音となる。

㉜ 音は，空気の温度により伝わる速さが違ってくる。温度が1℃上昇するごとに，音の速さは 1 秒間に 0.6m ずつはやくなる。温度 t〔℃〕のとき，
音の速さ＝$331.5 + 0.6t$〔m/s〕

1 (1) ウ　(2) 345 m/s
2 (1)① 振動　② 空気　(2) イ　(3) ウ，エ，イ，ア
3 (1) ウ　(2) イ　(3) ア　(4) エ

解説

1 (1) 音は物質中を振動が伝わる現象なので，真空中では伝わらない。

(2) 速さ＝$\dfrac{距離}{時間}$ で求められる。太鼓から出て校舎で反射してもどってくる音が進んだ距離は 69m × 2 ＝ 138m となる。

2 (2) 図2と図3を比較すると，振動数が増加し，振幅が大きくなっているので，弦を短くし，弦を強くはじいたと考えられる。

(3) おもりが重いほど，弦の張りが強くなり振動数が増加する。時間を表す横軸の 1 目盛りの大きさが違うので，0.01 秒あたりの振動数で比較すればよい。

3 (2) 振幅の大きさが変わると，音の大きさが変わる。

(3) 振動数が変わると，音の高さが変わる。

⚠ ここに注意　音の三要素

● 音の大きさは，振幅の大きさで決まる。

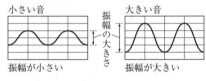

振幅が小さい　　振幅が大きい

● 音の高さは，振動数で決まる。

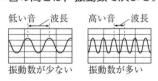

振動数が少ない　　振動数が多い

● 音色は，音の波形で決まる。

1 (1) 音を伝えている

　　(2)① ウ　② 300Hz

2 (1) イ

　　(2)① $\dfrac{1}{800}$秒　② 640Hz

3 (1)(大きい音)ア　(高い音)ウ

　　(2) 875m

4 (1) 光の速さが音の速さよりもはやいから。

　　(2) ウ

解説

1 (2)① おんさを強くたたくと，音の波形の振幅が大きくなる。

② 図2のおんさは4目盛り分の時間で4回振動し，図3のおんさは4目盛り分の時間で3回振動している。よって，図3のおんさの振動数は図2のおんさの$\dfrac{3}{4}$となる。

2 (1) おんさ2のほうがおんさ1より振動数が多いため，音が高くなる。

(2)① おんさ1の振動数は200Hzなので，周期は$\dfrac{1}{200}$秒になる。よって，1目盛りの大きさは

$\dfrac{1}{200}$秒$÷4=\dfrac{1}{800}$秒となる。

② おんさ2は5目盛りで4回振動するので，周期は$\dfrac{1}{800}$秒$×\dfrac{5}{4}=\dfrac{1}{640}$秒となる。よって，振動数は640Hzになる。

3 (1) 音が大きくなると，振幅が大きくなる。また，音が高くなると，振動数が多くなる。

(2) 船が汽笛を鳴らし始めたときの船と岸壁との距離をx〔m〕とすると，5秒間で船は50m進むので，船から出た音が岸壁ではね返り船にもどるのに移動した距離は$2x-50$〔m〕となる。音の速さ340m/sから，

$2x-50=340×5$　$x=875$〔m〕

4 (2) 340m/s$×4$s$=1360$m

1 (1) 15cm　(2) ウ　(3) 10cm　(4)(下図)

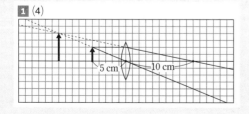

1 (4)

---

2 (1) 40cm　(2) 20cm　(3) ア

3 (実験2)ア

　　(実験3)ウ

4 (1) 実像　(2) ウ

　　(3)(右図)

　　(4) 16cm

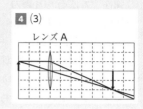

4 (3)

レンズA

解説

1 (1) 物体が焦点距離の2倍の位置にあるとき，物体と同じ大きさの実像が焦点距離の2倍の位置にできる。

(2) 実像は物体と上下左右が反対の形で見える。

(3) 焦点距離の位置の物体は像を結ばないので，Bの位置が焦点距離となる。

(4) 焦点距離より近い位置に物体がある場合，虚像ができる。

2 (1) グラフから読みとる。

(2) 焦点距離の2倍の位置にあるとき，a＝bとなる。

(3) 焦点に近いほうが，像は大きくなる。

> **！ ここに注意　　物体の位置と像の大きさ**
>
> 下の図のように，焦点距離の2倍の位置に置かれた物体の像は，物体と同じ大きさになる。像の問題を解くカギである。
>
>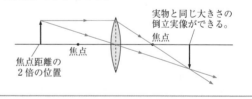
>
> 実物と同じ大きさの倒立実像ができる。
> 焦点
> 焦点距離の2倍の位置

3 実験1と比べて，実験2は振動数が少なくなり振幅が大きくなる。実験3は，実験1より振動数が多くなり，実験2と同じ振幅となる。

4 (1)(2) 上下左右が逆の実像ができる。

(4) 右の図のように作図する。

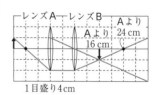

レンズA　レンズB　Aより24cm
Aより16cm
1目盛り4cm

3｜力のはたらき

Step A 　解答

本冊p.16～p.17

① 弾性　② 磁石　③ 重力　④ 摩擦　⑤ 電気
⑥ 比例　⑦ フック　⑧ 40　⑨ 10　⑩ 下向き
⑪ 1N　⑫ 天井　⑬ ばね　⑭ ばね　⑮ 天井
⑯ ばね　⑰ おもり　⑱ 地球　⑲ おもり
⑳ 同一直線上　㉑ 反対　㉒ 等しい　㉓ ばね
㉔ 天井　㉕ おもり　㉖ おもり　㉗ 運動
㉘ 摩擦力　㉙ 弾性力　㉚ 5　㉛ 重力
㉜ 鉛直下向き　㉝ 磁石　㉞ 100　㉟ 大きさ
㊱ 力の向き　㊲ 力の作用点

㊳～㊶（右図）

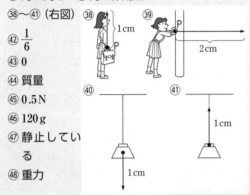

㊷ $\dfrac{1}{6}$
㊸ 0
㊹ 質量
㊺ 0.5N
㊻ 120g
㊼ 静止している
㊽ 重力

解説

①～⑤ 物体が物体をおす力や①，④はいずれもふれ合った物体間にはたらく力である。一方，②，③，⑤はいずれも離れている物体間にはたらく力である。
⑧ それぞれのばねに1.0Nの力がかかる。
⑨ それぞれのばねに0.5Nずつの力がかかる。
㊵ 右の図のように重力をまとめるときは，重心から矢印をひく。

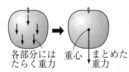

各部分にはたらく重力　重心　まとめた重力

❶ ここに注意

力がはたらくときは，「何から何にはたらくか」を注意深く考える。
右の図ではそれぞれ

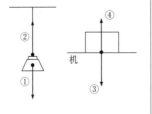

①地球から電灯に
②コードから電灯に
③物体から机に
④机から物体に
はたらく力である。

机

㊹ 重さはばねばかりではかり，質量は上皿てんびんではかる。
㊻ 月面上での重力0.2Nは,地球上での重力になおすと,
0.2×6＝1.2〔N〕
質量100gにはたらく重力が1Nなので，1.2Nは120gの物体にはたらく重力に等しい。

Step B-① 　解答

本冊p.18～p.19

1 (1)N極　(2)(1)と同じ動き。　(3)磁石の力
(4)① 地球　② 重力　③ 弾性

2 (1)力の作用点　(2)作用線　(3)力の大きさ
(4)できる。

3 (1)600g　(2)1N　(3)600g　(4)1N
(5)6N

4 (1)同じ極　(2)N極
(3)重力，（静）電気の力など
(4)ア

5 (1)（右図）　(2)比例
(3)22cm
(4)① 重力　② 地球
③ ばね（から）
おもり（へ）
（大きさ）0.2N

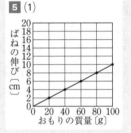

解説

1 (1)磁石の同じ極どうしは反発し合う。
3 (1)質量は場所によって変化しない。
(2)ばねばかりにより，物体にはたらく重力を測定できる。月の重力は地球の重力の約$\dfrac{1}{6}$である。
(3)質量の測定には上皿てんびんを用いる。
4 磁石の力は，同じ極どうしは反発し合い，異なる極どうしは引き合う性質がある。
5 (2)原点を通る直線である。
(3)おもり1個(20g)で，2cm伸びることより，6個(120g)では，2cm×6＝12cm伸びる。求めるのは，ばねの長さなので，10＋12＝22〔cm〕
(4)③ 作用点はばねにおもりをつり下げた所で，力は上向きになっている。（下向きなら，「おもりからばねへ」となる。）おもり1個20g（0.2N）をばねが支えている。

1 (1) ① **ウ** ② **ア** ③ **イ** ④ **ア** ⑤ **ウ** ⑥ **イ**

　(2) 摩擦力　(3) 弾性力　(4) 重力

2 (1) 上皿てんびん

　(2) (測定したもの)質量　(値)80 g　(3) 重さ

　(4) 0.8 N　(5) (A) 80 g　(B) 0.13 N

3 (1) (右図)

　(2) 8.4 cm

　(3) 0.2 N

　(4) ① 比例

　　　② フック

3 (1)

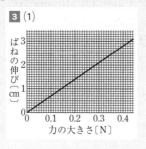

ばねの伸び〔cm〕／力の大きさ〔N〕

4 (1) c, d, f

　(2) a, b

　(3) **ア**

解説

1 (1) ⑥ 磁石Aが磁石Bを支えていて，磁力がはたらいている。

2 (1) Aは上皿てんびんで，物体の質量をはかるときなどに使用する。

(2) 質量は，場所によって変わることのない，物体そのものの量である。

(3) Bはばねばかり(ニュートンばねばかり)で，重さや力をはかるときなどに使用する。

(4) 100 g で 1 N なので，80 g では 0.8 N となる。

(5) 上皿てんびんでは質量をはかるので，場所が変わってもその値は変わらない。

3 (2) ばねの伸びは，ばねを引く力の大きさに比例する。0.4 N の力でばねを引くとばねは 2.8 cm 伸びるので，1.2 N の力でばねを引いたときのばねの伸びは，$2.8\,\text{cm} \times \dfrac{1.2\,\text{N}}{0.4\,\text{N}} = 8.4\,\text{cm}$ となる。

(3) 直列につないだばねにおもりをつるすと，それぞれのばねにおもりの重さ分の力がはたらく。

4 (1) f は重力，d は垂直抗力である。

(2) a は重力，b は垂直抗力である。

(3) 机の上である物体が静止しているとき，物体にはたらく重力と，机が物体をおし返す力がつりあう。同様に，物体Aの上で物体Bが静止しているとき，物体Bにはたらく重力と，物体Aが物体Bをおし返す力がつりあう。

1 (1) 0.1 N　(2) (右図)

　(3) 1.5 N　(4) **ア，エ，オ**

2 (1) 0.3 N　(2) 22 cm

　(3) 20 cm

　(4) (A) 26 cm　(B) 22 cm

3 (1) 0.1 N　(2) 15 cm

　(3) 15 cm　(4) 15 cm

1 (2)

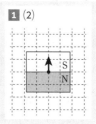

解説

1 (1) グラフより，ばねの伸びが 0.5 cm になるのは，おもりの質量が 10 g で，重力が 0.1 N のときである。

(2) 磁石Bの質量は 50 g なので，磁石Aは 0.5 N の力で磁石Bを支えている。

(3) 磁石Aにはたらく重力と磁石Bから磁石Aにはたらく磁力が，磁石Aからはかりの皿にはたらく力になるので，1 N＋0.5 N＝1.5 N となる。

2 (1) ばねの伸びは 16 cm－10 cm＝6 cm となる。グラフよりばねAの伸びが 6 cm になるのは，おもりの質量が 30 g で，ばねを引く力が 0.3 N のときである。

(2) 0.4 N の力なので，おもりの質量が 40 g のときのばねBの伸びをグラフから読みとる。ばねBの長さは，もとの長さとばねBの伸びを合わせた長さなので，10 cm＋12 cm＝22 cm となる。

(3) それぞれのばねに 40 g のおもりの力がはたらくので，12 cm＋8 cm＝20 cm となる。

(4) ばねAには 40 g のおもり 2 つ分，ばねBには 40 g のおもり 1 つ分の力がはたらく。

3 (1) 表より，ばねを引く力が 0.1 N 大きくなるとばねは 1 cm 伸びるので，皿だけのときのばねの長さは 11 cm となる。これは，ばねが 1 cm 伸びている状態なので，皿の重さは 0.1 N となる。

(2) 0.5 N で 5 cm 伸びるので，ばねの長さは 15 cm となる。

(3) 図 1 の板は，ばねを 0.5 N の力で引いていると考えられるので，図 1 と図 2 でばねの長さは変わらない。

(4) 1 N のおもりを 2 本のばねで支えているので，ばね 1 本には 0.5 N の力がはたらく。0.5 N の力で 5 cm 伸びるので，ばねの長さは 15 cm となる。

4｜身のまわりの物質

Step A 解答　本冊▶p.24〜p.25

① 有機物　② 二酸化炭素　③ 無機物　④ 密度
⑤ 調節ねじ　⑥ 指針　⑦ 分銅　⑧ ピンセット
⑨ 皿　⑩ 表示盤　⑪ 調節ねじ　⑫ 分銅
⑬ 大きい　⑭ 炭素　⑮ 二酸化炭素　⑯ 有機物
⑰ 無機物　⑱ 金属光沢　⑲ 熱　⑳ 鉄　㉑ 質量
㉒ 1　㉓ 質量　㉔ 密度　㉕ g/cm³　㉖ 体積
㉗ 一定　㉘ 質量　㉙ 密度　㉚ 固体　㉛ 1.00
㉜ 小さい　㉝ 沈む

解説

①〜③ 形や大きさ，使う目的など外形に着目した場合のものを物体という。物体を構成する材料のことを物質という。
- コップ(物体) ── ガラス，プラスチック(物質)
- 缶(物体) ── 鉄，アルミニウム(物質)

⑩ 電子てんびんで質量をはかるとき，容器に入れたり，薬包紙にのせたりしてはかる場合には，先に容器や薬包紙をのせておき，その状態で0.00gにセットする。

Step B-① 解答　本冊▶p.26〜p.27

1 (1)① 白　② 固　(2)食塩
(3)(砂糖)すぐに液体になり，さらに加熱すると黒くなる。　(食塩)変化しない。
(4)食塩

2 (1)空気調節ねじ　(2)ガス調節ねじ
(3)オ，イ，ウ，ア，エ

3 (1)34.5cm³　(2)0.79g/cm³

4 (1)E　(2)5.0cm³　(3)B，D，F　(4)H，J

5 (1)氷のほうが水よりも，密度が小さいから。
(2)ア

3 (1)1目盛りは1cm³で，最小目盛りの$\frac{1}{10}$の目盛りまで読みとる。
(2)$\frac{27.3g}{34.5cm^3} = 0.79g/cm^3$

4 (1) Aと同じ物質は，原点と点Aを結ぶ直線上にある物質になる。
(2) Aは体積が1.0cm³で質量が10.0gである。体積と質量は比例するので，質量が50gのときの体積は，

$1.0cm^3 \times \dfrac{50g}{10g} = 5.0cm^3$ となる。

(3) アルミニウムの密度は，$\dfrac{54g}{20cm^3} = 2.7g/cm^3$ となり，体積が1.0cm³のときの質量は2.7gである。これは点Fになるので，原点と点Fを結ぶ直線上にある物体を選ぶ。
(4) 水の密度は1.0g/cm³なので，この直線よりも下側にある物体は水に浮く。

5 (1)液体の中に固体を入れるとき，固体のほうが液体よりも密度が小さいと浮き，固体のほうが液体よりも密度が大きいと沈む。
(2) 状態変化で質量は変化しない。表より，水の体積を1とすると，氷の体積は$\dfrac{1}{0.92} = 1.086\cdots$となる。

Step B-② 解答　本冊▶p.28〜p.29

1 (1)エ　(2)ア，オ

2 (1)237g　(2)ウ

3 (1)(A)無機物　(B)金属
(2)① 炭素　② 炭　③ 二酸化炭素　④ 石灰水
(3)燃焼さじ　(4)ア，オ，カ

4 (1)ウ
(2)(密度) 7.1g/cm³　(名称)亜鉛
(3)E

解説

1 一般に，炭素を含み，燃やすと二酸化炭素を発生する物質を有機物という。

2 (1)密度が0.79g/cm³なので300cm³の質量は，
0.79g/cm³×300cm³＝237g となる。
(2) ポリエチレン片よりも密度の大きい水には浮くが，密度の小さいエタノールに入れると沈む。

3 (1)物質は有機物と無機物に分けられ，無機物は金属と非金属に分けられる。
(2) 二酸化炭素は石灰水を白く濁らせる性質がある。

4 (1)メスシリンダーは液面の平らなところの目盛りを読む。
(2)$\dfrac{35.5g}{5.0cm^3} = 7.1g/cm^3$
(3) 図2に金属球Aを表す点を描き，その点と原点とを結ぶ直線上にある点を選ぶ。

5│気体とその性質

① 逆流　② ガスバーナー　③ 水滴

④ 塩化コバルト　⑤ 二酸化炭素　⑥ 石灰

⑦ 滴下ろうと　⑧ 二酸化炭素

⑨ 水上置換法（または，下方置換法）　⑩ 空気

⑪ 水酸化カルシウム　⑫ 下げる　⑬ 沸騰石

⑭ 上方置換法　⑮ 青　⑯ 溶け　⑰ アルカリ

⑱ にくい　⑲ 重い　⑳ やすい　㉑ 軽い

㉒ 塩酸　㉓ 酸　㉔ 白　㉕ 二酸化マンガン

㉖ 助燃　㉗ 亜鉛　㉘ 水　㉙ 酸素

㉚ アンモニア水　㉛ 刺激臭　㉜ 4　㉝ 黄緑

㉞ 酸　㉟ 刺激臭　㊱ 塩酸　㊲ 酸

解説

⑨ 二酸化炭素は水に少し溶ける程度であることから，水上置換法でも下方置換法でも集めることができるが，より純度の高い二酸化炭素を得るには，水上置換法のほうが適している。

㉔ 石灰水中の水酸化カルシウムが二酸化炭素と反応して，炭酸カルシウムの白い沈殿ができる。

㉕ 二酸化マンガンは，酸素をはやく発生させるためのもので，それ自身は変化しない。このようなはたらきをする物質を触媒という。また，酸化銀を加熱しても酸素が発生する。

㉙ 水素と酸素の気体の体積比が「2：1」の割合で混合した気体に点火すると激しく爆音を発し，水になる。

1 (1)ウ，オ，キ，コ　(2)ケ　(3)ウ，カ
　(4)ア，ウ，ク，シ，ス　(5)イ，エ，ケ，サ

2 (1)水に溶けやすく，空気より軽い性質があるため。
　(2)発生した液体が試験管の加熱部に流れこんで，試験管が割れるのを防ぐため。
　(3)(名称)アンモニア　(性質)アルカリ性

3 (1)加熱した試験管などにもとから入っていた気体が混ざっているため。
　(2)(ア)石灰水　(イ)塩化コバルト紙

4 (1)① D　② B　③ E　④ A　⑤ C
　(2)(B)ア，カ　(C)イ，オ　(D)エ，キ
　　(E)ウ，カ

解説

1 代表的な気体の性質を覚えておく。

2 (1)この実験では上方置換法で気体を集めている。水に溶けにくい気体なら水上置換法，水に溶けやすく空気より重い気体なら下方置換法を使う。

(3)アルカリ性の物質は赤色リトマス紙を青色に変え，酸性の物質なら青色リトマス紙を赤色に変える。中性の物質なら，リトマス紙の色は変化しない。

3 (1)発生した気体以外の気体が含まれるため，発生した気体の性質を調べるのには適さない。

(2)水は塩化コバルト紙を青色から赤色に変化させる。

4 (1)① フェノールフタレイン液を赤く変色させるのはアルカリ性の水溶液である。

② シャボン玉が高く上がるのは空気より軽いためである。また，水素に点火するとポッと音を出して燃える。

③ 炭酸水素ナトリウムを加熱すると，二酸化炭素と水ができ，あとには炭酸ナトリウムが残る。

④ 空気は約 80 % が窒素，約 20 % が酸素，約 1 % が二酸化炭素などのその他の気体である。

⑤ 酸素には物質が燃えるのを助ける助燃性がある。

(2)代表的な気体の発生方法を覚えておく。

1 (1)キ　(2)イ　(3)ア　(4)オ，カ，キ，ク
　(5)ア，オ，カ，キ，ク　(6)イ，オ，キ，ク

2 (1)① C　② E　③ B　④ A　⑤ D
　(2)D　(3)②　(4)E　(5)D

3 (1)塩化アンモニウム
　(2)(発生方法)ウ　(捕集方法)オ
　(3)水に非常によく溶け，空気より軽いから。
　(4)白い煙が生じる。　(5)過酸化水素水
　(6)(発生方法)イ　(捕集方法)カ

4 (1)(右図)
　〔試験管の口のほうを下げること〕

4 (1)

　(2)水蒸気，二酸化炭素
　(3)ウ
　(4)赤色リトマス液が加熱した試験管の中へ逆流するから。

解説

1 塩化水素……無色で，刺激臭(しげきしゅう)をもつ。空気より重く(約1.26倍)，水に非常に溶けやすい(20℃の水1cm³に442cm³溶ける)。水溶液は酸性を示す。(水溶液(すいようえき)は一般に塩酸とよぶ。)

塩素……うすい黄緑色の気体で，強い刺激臭をもつ。空気より重く(空気の約2.45倍)，水には少し溶ける(20℃の水1cm³に2.30cm³溶ける)。水溶液は酸性を示す。

二酸化硫黄(いおう)……無色で，強い刺激臭をもつ。空気よりも重く(空気の約2.3倍)，水に溶けやすい(20℃の水1cm³に39cm³溶ける)。水溶液は酸性である。

2 (1) ①～⑤の各気体は，次のような文中の性質から推定できる。

① 「空気に最も多く含(ふく)まれる」のは窒素(ちっそ)。

② 「水溶液は酸性を示す」のは，ここでは二酸化炭素である。

③ 「物質を燃焼させるはたらきがある」のは酸素である。

④ 「空気中でよく燃焼する」のは水素であり，これは気体の中で最も軽い。

⑤ 「水溶液がアルカリ性を示す」のはアンモニアである。

(2) 上方置換法(ちかん)(ほしゅう)で捕集する気体は，水に溶けやすく，空気よりも軽い気体である。

(3) 貝殻(かいがら)の成分は石灰石(せっかい)と同じ炭酸カルシウムである。

(4) 石灰水中の水酸化カルシウムと二酸化炭素が反応して，水に溶けにくい炭酸カルシウムができるため，白く濁(にご)って見える。

この反応は二酸化炭素を調べるのに使われる。

(5) アンモニアと塩化水素はともに気体であるが，接触(せっしょく)すると反応して塩化アンモニウムという小さい固体(けたい)をつくるので，白い煙(けむり)に見える。

3 (1) アンモニア水の加熱，または，水酸化ナトリウムと塩化アンモニウムの混合物を加熱しても発生する。

(4) 塩化アンモニウムの細かな結晶(けっしょう)ができる。

(5) 過酸化水素が約3%含まれるうすい水溶液がオキシドールである。

4 (1) 試験管が割れるのを防ぐため，試験管の口を下げる。

(3) 二酸化炭素は水に少し溶け，水溶液は酸性を示す。

Step C-① 　解答　　　本冊▶p.36～p.37

1 (1) (A)オ　(B)イ　(C)ア
　(2) (A)ウ　(C)エ　(3)イ
2 (1) 水上置換法(ちかん)　(2)イ，エ　(3)ア，カ
　(4) 発生用の試験管などにもとから入っていた気体が混ざっているため。　(5)ア
3 (1) (酸素)カ　(二酸化炭素)ア　(2)ア
　(3) カ　(4)オ

解説

1 (1) 表からA～Dの各気体の特徴(とくちょう)を読みとると，Aは最も軽いので水素，Bは空気より重く水溶液は酸性を示すので二酸化炭素，Cは水にきわめてよく溶け，水溶液がアルカリ性を示すのでアンモニア，Dは特有のにおいをもち水溶液が酸性を示すので，ここでは塩化水素とわかる。

(2) Aは水に溶けないので，水上置換法が適しており，Cは水によく溶け，空気よりも軽いので上方置換法が適している。

(3) 塩酸には銅，白金，銀は反応しない。

2 (2) 水に溶けやすい気体を集めるのには適していない。

(5) 酸素は助燃性があるため，線香が激しく燃える。

3 Ⅱ群の発生方法の反応は，次のようになる。

a…酸化銀が分解して銀と酸素になる。

b…反応して塩化ナトリウムと水蒸気と窒素(ちっそ)ができる。

c…水素が発生する。　d…塩化水素が発生する。

e…分解してアンモニアと塩化水素が発生する。

f…二酸化炭素ができる。

また，Ⅲ群の発生装置は次のような誤りがある。

ⓘ…ろうと管のガラス管が三角フラスコの底の近くにない。

ⓤ…ガラス管の長さが左右逆になっている。

ⓔ・ⓦ…水が発生することもあるので，固体を加熱する場合は不適当である。

6 | 水溶液

Step A　解答　　　本冊▶p.38〜p.39

① メスシリンダー　② B　③ 10　④ 59.5
⑤ 水平　⑥ ガラス棒　⑦ ろうと　⑧ ろうと台
⑨ ろ過　⑩ 飽和　⑪ 溶解度　⑫ 溶解度曲線
⑬ 水の粒　⑭ 水溶液　⑮ 青　⑯ 透明　⑰ 一定
⑱ 溶質　⑲ 溶媒　⑳ 溶液　㉑ 水溶液
㉒ アルコール溶液　㉓ 溶液　㉔ 溶質　㉕ 50
㉖ 20　㉗ 溶解度　㉘ 100　㉙ 飽和水溶液
㉚ 再結晶　㉛ 結晶　㉜ 結晶　㉝ ミョウバン
㉞ 塩化ナトリウム（食塩）　㉟ 硫酸銅

解説

⑬ 硫酸銅の粒子は，ほぼ一定の位置で振動しているが，液体の水の粒は互いに引き合いながらも自由に動いている。水の粒が硫酸銅の粒に衝突し，水の粒のエネルギーが硫酸銅の粒に移動し，硫酸銅の粒も自由に動き出し，水に溶けていく。

㉕ 溶液の質量＝溶媒の質量＋溶質の質量

❗ ここに注意

水溶液の濃度・再結晶の質量などの量的関係は，溶解度曲線から考えられる。

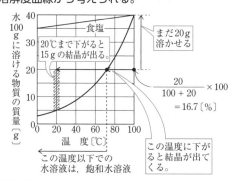

Step B-① 　解答　　　本冊▶p.40〜p.41

1 (1) イ　(2) ア　(3) イ
2 (1) (記号) イ
　　(見分け方) 青色のリトマス紙を利用して赤色になるものをさがす。
　(2) ウ　(3) イ　(4) イ
3 (1) 飽和水溶液　(2) ア
　(3) (記号) ウ
　　(理由) 水溶液の温度を 60℃ にしても全部

溶けなかったから。（アとイのグラフでは，60℃で全部溶けているから。）
　(4) エ　(5) 40 g　(6) 44 %
　(7) (食塩) ア　(硝酸カリウム) エ
4 (1) エ　(2) オ　(3) エ　(4) ウ

解説

1 (1) 食塩の溶解度が 35.8 なので，135.8 g の飽和水溶液には 35.8 g の食塩が含まれる。また，表の食塩の飽和水溶液 100 cm³ は 120 g である。これらを用いて，求める食塩の質量を x〔g〕とすると，
135.8 : 35.8 ＝ 120 : x　x ＝ 31.6…〔g〕となる。

(2) 一辺が 2.0 cm の立方体の体積は 8.0 cm³ なので，固体Aの密度は，$\dfrac{7.36\,g}{8.0\,cm^3}$ ＝ 0.92 g/cm³ となる。

(3) 氷より密度が小さく，水と混じり合うエタノールを選ぶ。

2 (1) うすい塩酸だけが酸性である。

(4) 環境に悪影響を与える場合があるので，勝手に捨ててはいけない。

3 (2) 20℃ の溶解度が 50 未満で，60℃ の溶解度が 50 以上のものを選ぶ。

(3) 食塩は，温度によって溶解度が変わりにくい物質として有名である。

(4) 10℃ の水 100 g には 20 g まで溶けるので，析出する結晶の質量は，110 g－20 g＝90 g となる。

(5)(6) 100 g の水に 80 g 溶ける。
濃度 ＝ $\dfrac{40\,g}{(50＋40)\,g}$ ×100＝44.4…→ 44 %

(7) イはミョウバン，ウはホウ酸，オは硫酸銅の結晶である。

4 (1) 食塩を x〔g〕として，公式を使う。
$\dfrac{x}{(100＋x)}$ ×100＝20 より，x＝25〔g〕

(2) $\dfrac{30}{(x＋30)}$ ×100＝15 より，x＝170〔g〕

(3) 20 %，70 g の食塩水中に食塩は 70 g×0.2＝14 g 含まれている。
加える水を x〔g〕とすると
$\dfrac{14}{(70＋x)}$ ×100＝10 より，x＝70〔g〕

(4) 溶解度はふつう水 100 g に溶ける質量を表すので，20℃ の水 50 g に砂糖は 102 g 溶ける。
濃度 ＝ $\dfrac{102\,g}{50\,g＋102\,g}$ ×100＝67.1…→ 67 % となる。

1 (1) ミョウバン　(2) イ
(3) 塩化ナトリウム，ホウ酸　(4) 34 g
(5) 再結晶(法)　(6) イ　(7) イ　(8) ウ

2 (1) 溶解度　(2) ウ
(3) (方法) 水溶液から水分を蒸発させる。
(名称) 再結晶(法)
(4) 19.2%

3 (1) (硝酸カリウム) ア　(食塩) ウ
(2) 飽和水溶液
(3) 温度を下げても溶解度が食塩の質量より下がらないので，水を蒸発させる。
(4) 17 g

解説

1 (1) 50℃では，ホウ酸がいちばん小さく約 11 g。
(2) 60℃での溶解度は約 40 なので濃度は，
$$\frac{40}{(100+40)} \times 100 = 28.5\cdots \rightarrow 29 \ [\%]$$
(3) 150 g の水に，物質 60 g を加えたということは，水 100 g に物質 40 g 加えたのと割合は同じなので，グラフの 70℃で，40 g より少ない曲線を選べばよい。
(4) 20℃の水 50 g には 16 g 溶けるので，析出する固体の質量は，50 g－16 g＝34 g となる。
(7)(8) 食塩は 20 g なので，10℃に冷やしても，溶解度をこえないから溶けたままである。
　硝酸カリウムは，10℃での溶解度はグラフより約 22 g なので，50－22＝28 〔g〕が結晶として出てくる。
2 (2) 20℃の水 100 g に 25 g よりも少ない量しか溶けないミョウバンのみ結晶が析出する。
(3) 食塩のように，温度によって溶解度がほとんど変化しない物質は，水分を蒸発させて結晶をとり出す方法を用いる。
(4) 濃度 ＝ $\frac{23.8 g}{100 g+23.8 g} \times 100 = 19.22\cdots \rightarrow 19.2\%$
3 (1) 表 1 では水が 10 g であるから 10 倍して，水 100 g として考える。
　硝酸カリウムは，25℃までに 30 g 溶け，55℃までに 80 g 溶けるもの，食塩は，10℃までに 30 g 溶け，55℃でも 80 g が溶けないものを選ぶ。
(3) 食塩は，温度による溶解度の差が小さいので，水分を蒸発させてとり出す。
(4) 加える水の量を x 〔g〕とすると，
$$10 = \frac{3}{13+x} \times 100 \quad x = 17 \ [g]$$

7｜物質の状態変化

① 固体　② 液体　③④ 固体，液体(順不同)
⑤ 融点　⑥ 融解　⑦ ない　⑧ 1　⑨ ある
⑩ 沸騰石　⑪ 枝付きフラスコ　⑫ 蒸留　⑬ 沸騰
⑭ エタノール　⑮ 水　⑯ 状態変化　⑰ 融解
⑱ 融点　⑲ 気化　⑳ 沸点　㉑ 液化　㉒ 昇華
㉓ ドライアイス　㉔ 5　㉕ 10　㉖ 20　㉗ イ
㉘ ア　㉙ ウ　㉚ 10　㉛ 沸点　㉜ イ

解説

⑭ エタノールの沸点は約 78℃，水の沸点は 100℃であることから，沸騰直後ではエタノールを多く含む液体がたまる。
㉗ 固体⇨粒子は一定の位置に固定して，振動している。
㉘ 液体⇨粒子は互いに引き合いながら動いている。
㉙ 気体⇨粒子は激しく自由に動きまわっている。
㉛ 蒸留では，沸点の低い物質から順に分離されていく。蒸留装置の温度計の球部の位置をどこにするか注意しておく。

1 (1) ① 沸点　② 蒸留　(2) ① オ　② ア　(3) ウ
2 ウ
3 (1) ① ウ　② イ　(2) ウ
4 (1) ① 気体　② 固体　③ 液体
(2) ① 固体　② 液体　③ 気体
(3) エタノール，水銀
(4) 窒素，酸素

解説

1 (2) 5〜10 分では液体 B が多く，13 分以後は液体 A だけになる。
(3) 液体 A の沸点は 100℃で，沸騰が始まるまでの時間は，実験 1 のおよそ 2 倍になる。
2 ウでは，「マッチに火をつけたあと，ガス調節ねじを少し開いて点火する」が正しい方法である。
3 (1) 純粋な物質では，融解している間の温度は一定になる。
(2) 量を 2 倍にすると，融点は変わらないが，融解の時間が 2 倍になる。
4 沸点以上なら気体，融点以下なら固体，沸点と融点の間なら液体である。

1 (1)気体を冷やして液体にする。　(2)イ
(3)(記号)A　(方法)蒸発皿に移して，火をつける。
(4)① 蒸留　② 石油(原油)

2 (1)状態変化　(2)① ウ　② イ

3 (1)突沸して液体が外に飛び出すのを防ぐため。
(2)(右図)
(3)(記号)イ
(理由)グラフより，4分から6分の間に集めた液体はエタノールが多く含まれ，8分から10分の間に集めた液体は水が多く含まれると考えられるから。

3 (2)

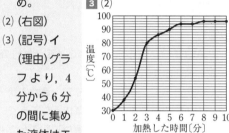

縦軸 温度〔℃〕 100 90 80 70 60 50 40 30
横軸 加熱した時間〔分〕 0 1 2 3 4 5 6 7 8 9 10

解説

1 (2)グラフより，沸点の低いエタノールの沸騰が始まった時間を読みとる。
(3)沸点の低いエタノールから気体になってガラス管から出てくる。約3mLずつ集めるので，試験管Bはエタノールと水が混ざったものになる。

2 (2)状態変化によって，質量は変わらない。体積がふえているので，密度は小さくなる。

3 (3)エタノールの沸点は約78℃で，水の沸点は100℃である。

1 (1)石灰水の逆流を防ぐため。　(2)アンモニア
(3)アルカリ性　(4)酸性　(5)ウ

2 (1)12.5g
(2)① 7.5%　② 15%　③ 水を50g加える。
(3)11.2g

3 (1)(食塩)ウ　(物質X)イ　(2)再結晶(法)
(3)水溶液から水を蒸発させる。
(4)20g

4 (1)70g　(2)20℃　(3)33%
(4)(硝酸カリウム)イ　(塩化カリウム)ア

解説

1 (3)フェノールフタレイン液は，アルカリ性でのみ赤色に変わり，酸性・中性では無色のままである。
(4)酸性の水溶液は青色のリトマス紙を赤色に変化させ，アルカリ性の水溶液は赤色のリトマス紙を青色に変化させる。中性の水溶液をつけてもリトマス紙の色は変化しない。
(5)炭酸水→酸性，アンモニア水→アルカリ性，食塩水→中性なので，BTB液を用いて区別できる。
　エの炎色反応とは，物質を無色の炎の中に入れると物質をつくっている成分特有の色が現れる現象で，銅は青緑色，カルシウムはだいだい色と成分(原子)によって炎の色は決まっている。食塩は塩化ナトリウムのことで，ナトリウムは黄色の炎になる。

2 (1)10%の砂糖水100g中の砂糖は
溶質の質量〔g〕
$= 溶液の質量〔g〕 × \dfrac{質量パーセント濃度(\%)}{100}$
より，$100g × \dfrac{10\%}{100} = 10g$
20%の砂糖水にするには砂糖を x〔g〕加えるとすると，質量パーセント濃度の公式より
$\dfrac{10g+x}{100g+x} × 100 = 20\%$　$x = 12.5$〔g〕

(2)① 濃度 $= \dfrac{15g}{200g} × 100 = 7.5\%$
② 濃度 $= \dfrac{15g}{100g} × 100 = 15\%$
③ 濃度を低くするには水を加える。加える水の質量を x〔g〕とすると，
$\dfrac{15g}{100g+x} × 100 = 10\%$　$x = 50$〔g〕

(3)10%のホウ酸水溶液100gには，10gのホウ酸が溶けている。溶媒の水は，$100 - 10 = 90$〔g〕である。
　80℃，100gの水に，ホウ酸は最大量23.5g溶けるから，80℃，90gの水には，
$100 : 90 = 23.5 : x$
$x = 21.15$〔g〕，
すでに10g溶けているので，
$21.15g - 10g = 11.15g$
よって11.2gとなる。

20％，100gの食塩水を10％の食塩水にするために x〔g〕の水を加える。

20％，100gの食塩水には，20gの食塩が含まれる。

$$\frac{20g}{100+x}\times100=10\%\quad x=100〔g〕$$

溶液と同じ質量の水を加えると濃度は半分となる。⇨<u>溶液が2倍の質量になるように水を加えると濃度は$\frac{1}{2}$になる。</u>

また，濃度を$\frac{1}{4}$の5％の水溶液をつくるには，溶液が4倍になるように水を300g加えればよいこともわかる。

1 (1) エタノールは引火しやすい性質があり，直接加熱すると火がつき危険だから。

(2) (A)ア　(C)イ　(3) エ　(4) 0.92g/cm³

(5) B，E，C，D，A

2 (1) 状態変化　(2) ウ

3 (1) 蒸留　(2) ① イ　② ア　③ a　(3) イ

(4) イ

---

3 (1) 60℃で30g以上溶け，45℃で30g未満しか溶けないのは，**イ**のグラフである。

(2)(3) 温度による溶解度差が大きい（グラフの**ア**，**イ**，**エ**など）物質は，水溶液の温度を下げることによって析出してくる。

　食塩**ウ**のように溶解度差が小さい物質の場合，温度を下げても結晶はほとんど出てこないので，水分を蒸発させる方法で結晶を得る。

(4) 50℃では，水100gで10g溶けて飽和水溶液ができる。90℃では，水100gで30g溶けて飽和水溶液ができる。したがって，30－10＝20〔g〕溶かすことができる。

4 (1) グラフより，40℃，100gの水に60gまで溶けることから，200gの水には120gまで溶ける。よって，あと120g－50g＝70gまで溶かすことができる。

(2) 100gの水に溶けている硝酸カリウムを x〔g〕とすると，150：100＝45：x　$x=30$〔g〕　100gの水に30g溶けているときと同じ割合になるので，溶解度30のときの温度を読みとると，20℃である。

(3) 濃度＝$\frac{50g}{150g}\times100=33.3\cdots\rightarrow33\%$

(4) 硝酸カリウムは，10℃，100gの水に20gまで溶ける。200gの水には，40gまで溶けるので，50g－40g＝10gが結晶として出てくる。

　塩化カリウムは，10℃，100gの水に30gまで溶ける。200gの水には60gまで溶けるので，50gの塩化カリウムは溶けたままで，結晶として出てこない。

解説

1 (2) Aはエタノールのみなので，沸点が約78℃で一定の値を示す。

　Cは水とエタノールの混合液で，沸点の低いエタノールが先に沸騰をはじめ，気体として出ていくので，混合液のエタノールの割合が減ることによって沸点は変化する。

(3) エタノールをつくる粒子が熱湯から熱エネルギーを受けとり，粒子と粒子のつながりを切り，自由に飛びまわる（気化）ようになり，ポリエチレンの袋に粒子がぶつかり，袋をふくらませる。

(4) $\frac{18.4g}{20cm^3}=0.92g/cm^3$

(5) 液体A～Cは，体積が同じなので，密度の大きい順に，まずB，C，Aとなる。

　Dは液体Cに浮くので，D＜C

　Eは液体Cに沈むことから，E＞C

　また，液体BにはD，Eとも浮くのでBがいちばん密度が大きい。

　液体AにはD，Eとも沈むのでAが最も密度が小さい。よって，B，E，C，D，Aの順になる。

2 (2) 液体が気体になると，粒子の運動が激しくなるので体積が増加する。

3 (2) ガスバーナーの**ア**は空気調節ねじ，**イ**はガス調節ねじであり，ともに矢印**a**の方向に回すと開く（空気，またはガスの量がふえる）。

(3)(4) グラフがゆるやかな傾きになっているところは，混合液の1つの液体成分が沸騰しているところである。ここでは，約80℃と100℃の沸点をもつ液体成分が混ざった液であることがわかる。

8│生物の観察

Step A　解答
本冊▶p.54〜p.55

① 悪　② 湿って　③ ドクダミ　④ よ
⑤ 乾いて　⑥ タンポポ　⑦ 細い　⑧ 観察日時
⑨ 前後　⑩ からだ　⑪ 接眼レンズ
⑫ レボルバー　⑬ 対物レンズ　⑭ ステージ
⑮ しぼり　⑯ 反射鏡　⑰ 直射日光　⑱ ×
⑲ スライドガラス　⑳ カバーガラス
㉑ プレパラート　㉒ 接眼レンズ　㉓ 対物レンズ
㉔ 近づ　㉕ 40　㉖ イ→ウ→ア　㉗ ゾウリムシ
㉘ ミドリムシ　㉙ アメーバ

解説

⑪〜⑯ 顕微鏡には，本文に出ているステージが上下できる「ステージ上下式顕微鏡」と，「鏡筒上下式顕微鏡」がある。ピントをあわせるとき，鏡筒を上下させるか，ステージを上下させるかの違いだけである。

> ❶ ここに注意　顕微鏡観察では，最初は対物レンズを低倍率のもので行い，高倍率に変えて詳しく観察する。高倍率にすると
>
> 視野(見える範囲)─┬─ せまくなる。
> 　　　　　　　　└─ 暗くなる。

Step B　解答
本冊▶p.56〜p.57

1 (1) (A) 接眼レンズ　(B) 対物レンズ　(C) 反射鏡
　(2) イ，ウ，エ，ア　(3) ア
2 (1) (A) アメーバ　(B) ケイソウ
　(C) ゾウリムシ　(D) ミジンコ
　(E) アオミドロ
　(2) B，E　(3) A，C，D　(4) D
3 (1) 高さに関係なく，どの葉にも光があたり，光合成の効率がよい。
　(2) ① ハルジオン　㋐ B　㋑ A
4 (1) キ　(2) プレパラート

解説

1 (1)(2) 顕微鏡の各部分の名称や，使い方の手順を覚えておく。
(3) 顕微鏡の倍率＝対物レンズの倍率×接眼レンズの倍率である。
2 (2)・(3) B，Eは光合成を行う植物性のプランクトンで，養分をつくることができる。A，C，Dは植物性のプランクトンを食べる動物性のプランクトンで，自分で動き回ることができる。
(4) 実際の大きさが大きいほうが，低い倍率で観察することができる。
3 (1) どの葉も光合成ができるように，重ならないつくりになっている。
(2) ハルジオンは，日あたりがよく乾いているところを好むが，人による踏みつけには弱いと考えられる。
4 (1) 「接眼レンズをのぞきながら」という条件に注意する。

9│花のつくりとはたらき

Step A　解答
本冊▶p.58〜p.59

① 花弁　② めしべ　③ おしべ　④ 子房
⑤ 種子　⑥ 雌花　⑦ 雄花　⑧ 昨年のまつかさ
⑨ りん片　⑩ 胚珠　⑪ 花粉のう　⑫ 柱頭
⑬ 花粉　⑭ やく　⑮ 花弁　⑯ がく　⑰ 子房
⑱ 種子　⑲ 子房　⑳ 被子植物　㉑ 裸子植物
㉒ 被子植物　㉓ 花弁　㉔ めしべ　㉕ 花弁
㉖ 種子　㉗ 胚珠　㉘ 裸子植物　㉙ 雌花
㉚ 種子　㉛ 花粉　㉜ 種子　㉝ 受粉　㉞ 種子
㉟ 果実　㊱ 子葉

解説

㉓ 子房で胚珠をおおっている被子植物は，子葉(発芽のとき，最初に出てくる葉)が1枚の単子葉類と子葉が2枚の双子葉類に分けられる。さらに，双子葉類は，離弁花類と合弁花類に分けられる。単子葉類では，このような花の分け方をしていない。

㉜ 右の図のように，受粉すると，花粉は花粉管を胚珠へとのばし，精細胞の核が移動し，卵細胞の核と合体(受精)してから，
胚珠→種子
子房→果実となる。

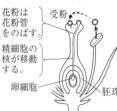

花粉は花粉管をのばす。
精細胞の核が移動する。
受粉
卵細胞
胚珠

Step B -①　解答　本冊▶p.60〜p.61

1 (1) ① 子房　② 被子

(2) 花粉がめしべの柱頭につくこと

2 (1) イチョウ

(2) ① 受粉　② 胚珠　③ イ　④ エ

(3) ア，オ

3 (1) イ，ウ，ア，エ

(2) (記号) C　(名称) 子房

(3) イ，エ

4 (1) (a) おしべ(やく)　(b) 花弁

　　(c) めしべ(子房)　(d) がく(がく片)

(2) c　(3) ウ　(4) 種子植物

解説

1 (1) エンドウは被子植物で，子房が成長すると果実になる。

2 (1) 裸子植物では，マツ，イチョウの雄花，雌花の特徴を覚えておく。

また，イチョウ，ソテツは雄花だけが咲く雄株，雌花だけが咲く雌株と異株になっている。

(2) ④ ぎんなんといわれるものである。

3 (1) アはおしべ，イはがく，ウは花弁，エはめしべである。

(2) Aはやく，Bは柱頭，Cは子房である。

(3) 花弁が1つにくっついているなかまを，合弁花類という。タンポポの小さな花は，5枚の花弁がくっついたものである。

4 (2) 子房は受粉後に成熟して果実になる。その内部には，胚珠が成熟してできた種子がある。

(3) 花粉のうをもっているりん片は雄花にある。

(4) 種子植物は，被子植物と裸子植物に分類される。

Step B -②　解答　本冊▶p.62〜p.63

1 (1) イ　(2) (a) オ　(b) イ　(c) エ

(3) 花粉のう　(4) ② イ　③ カ　(5) 2つ

(6) イ，オ，ケ

2 (1) ウ　(2) がく(がく片)　(3) (右図)

(4) 花弁が離れているものと花弁がくっついているものがある。

(5) 卵細胞

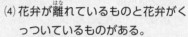
2 (3)

3 (1) がく，花弁，おしべ，めしべ

(2) ① (X) 網状脈　(Y) 主根と側根　② イ，エ

(3) 子房　(4) エ　(5) 胚珠

解説

1 (1) 海岸で防風林として利用されてきた。

(4) アはカエデの種子で，分かれるとカのマツの種子に似る。

花粉はイで，両端にある空気袋で，風に運ばれやすいつくりになっている。

(6) スギナ・ワラビは，ともに花の咲かない，胞子でなかまをふやすシダ植物である。

クルミ・カシ・クリ・ブナは，被子植物で双子葉類のなかま，タケは単子葉類である。

2 (1) 花弁が4枚であることから判断する。

(4) 花弁がばらばらに離れている離弁花類と花弁がくっついている合弁花類とがある。

(5) 花粉がめしべの柱頭につくことが受粉，花粉管の中を通った精細胞の核と胚珠の中の卵細胞の核とが合体することが受精である。

3 (2) ① 合弁花類に分類されることから，双子葉類である。

双子葉類の葉脈は平行脈(単子葉類)でなく網状脈，根もひげ根(単子葉類)でなく，主根と側根と判断できる。表のスズメノカタビラは単子葉類である。

② ユリは単子葉類なので考えなくてよい。
(4) アサガオなどのめしべの柱頭を指でさわるとねばねばしている。
　　砂糖水や寒天溶液に砂糖を入れたものは，花粉の乾燥を防ぐなど，柱頭と似た条件になっている。
(5) 裸子植物には子房がなく，胚珠がむき出しになっているので，花粉は直接胚珠につく。

10 植物のなかま分け

Step A 解答　　本冊▶p.64～p.65

① 子房　② 被子　③ 裸子　④ 地下茎
⑤ 胞子のう　⑥ 胞子　⑦ スギゴケ　⑧ 雄株
⑨ 雌株　⑩ 胚珠　⑪ 子房　⑫ 単子葉類
⑬ 双子葉類　⑭ 主根　⑮ 網状　⑯ 合弁花
⑰ 離弁花　⑱ ひげ根　⑲ 平行　⑳ 胞子
㉑㉒ シダ，コケ（順不同）　㉓ 葉緑体　㉔ 光合成
㉕ シダ　㉖ コケ　㉗ 表面　㉘ 網状
㉙ 合弁花類　㉚ 離弁花類　㉛ 単子葉類
㉜ 裸子植物　㉝ シダ植物　㉞ コケ植物

解説
③ 裸子植物は，子房がないので果実をつくらない。
④ シダ植物の根のように見えるのが茎（地下茎），茎のように見えるのが葉の一部である。
⑦ コケ植物で根のように見えるのは，水，養分の吸収など根のはたらきをしないので，仮根とよばれる。

Step B-① 解答　　本冊▶p.66～p.67

1 (1) 胞子
　(2)① ア　② エ
　(3) イ
　(4)（どの葉にも）光があたり，栄養分を効率よくつくることができる。
2 (1) ウ
　(2)① コケ　② シダ
3 (1)① 胞子　② 種子　③ 胚珠
　　　④ 子房
　(2)(D) コケ（植物）　(E) シダ（植物）
　　(F) 裸子（植物）
　(3) ⓐ F　ⓑ E　ⓒ B　ⓓ G
　(4)（ワカメ）イ　（ワラビ）ウ
　(5) からだの表面全体から吸収する。
　(6) 合弁花類

解説
1 (1) ゼニゴケはコケ植物，イヌワラビはシダ植物に分類される。
(2) ユリは両性花なので，1つの花におしべとめしべがある。
(3) アブラナは双子葉類で，子葉は2枚，葉脈は網目状，主根と側根をもつといった特徴がある。
2 シダ植物は根・茎・葉の区別があり，コケ植物は根・茎・葉の区別がない。
3 (3) コウボキンは，キノコやカビなどのなかまの菌類である。酒づくりやパンづくりに欠かせない生物で，パン製造に用いるパン酵母をイーストという。
(6) 単子葉類では，合弁花類と離弁花類を分類しない。

Step B-② 解答　　本冊▶p.68～p.69

1 (1) 柱頭　(2) ウ　(3) イ　(4)① オ　② イ
2 (1) 葉脈　(2) ウ
3 (1) 胞子のうをはじけさせるため。
　(2)① ア　② イ　(3) イ，オ

解説
1 (3) 胞子のうがあるのは雌株である。
(4)① エンドウのみが種子植物である。
　② シダ植物とコケ植物に分類している。
2 (1) すじが平行のものと，網目状のものがある。
(2) 双子葉類の特徴は，葉脈が網目状，子葉が2枚，主根と側根がある，などである。
3 (2)① ソテツは胚珠がむき出しになっている裸子植物である。
　② 種子は発芽のための栄養分を含んでいるが，胞子は含んでいないので，地面に栄養分がないと発芽しないなどの違いがある。
(3) ア…子房は果実になり，胚珠は種子になる。
　ウ…単子葉類はひげ根をもつ。主根と側根をもつのは双子葉類である。
　エ…葉脈が平行か網目状かで分けられるのは，単子葉類と双子葉類である。
　カ…胞子のうができるのは雌株である。

15

11 動物のなかま分け

① 両生　② ハ虫　③ じょうぶな殻のある

④ ホ乳　⑤ 殻のない　⑥ 肉食　⑦ 門歯

⑧ 犬歯　⑨ 臼歯　⑩ 立体的　⑪ 草食　⑫ 昆虫

⑬ 甲殻　⑭ 軟体動物　⑮ 背骨　⑯ 両生類

⑰ ハ虫類　⑱ 無セキツイ動物　⑲ 殻　⑳ 筋肉

㉑ 節足動物　㉒ のびちぢみ(伸縮)　㉓ 変温動物

㉔ 恒温動物

㉕㉖㉗ 魚類，両生類，ハ虫類(順不同)

㉘ 無セキツイ動物　㉙ 冬眠

㉚㉛ 鳥類，ホ乳類(順不同)　㉜ 羽毛　㉝ 背骨

㉞ 両生類　㉟ 鳥類　㊱ 胎生　㊲ ホ乳類

㊳ 外骨格(外側のかたい殻)　㊴ 節足動物

解説

①〜⑤ それぞれ次のような動物がいる。

　魚類…サメ，タツノオトシゴ

　ハ虫類…カメ，ワニ

　鳥類…ペンギン

　ホ乳類…クジラ，コウモリなどは注意。

⑫〜⑭ それぞれ次のような動物がいる。

　〈節足動物〉

　　▶昆虫類…頭部・胸部・腹部に分かれる。ハエ・カ・アリ

　　▶甲殻類…エビ・カニ・ミジンコ

　　▶クモ類…クモ・ダニ

　　▶ムカデ類…ムカデ・ゲジ

　〈軟体動物〉マイマイ(カタツムリ)・ナメクジ・タニシ

　〈刺胞動物〉サンゴ・クラゲ・イソギンチャク

　〈キョク皮動物〉ウニ・ヒトデ・ナマコ

　〈環形動物〉ミミズ・ゴカイ・ヒル

　ゾウリムシ・アメーバなどは原生動物といわれるが，動物には分類されない。

㉙ 冬眠はよく知られているが，夏眠は生物が高温や乾燥に対する適応として，休眠して過ごすこと。カタツムリ，カエル，ヘビなどが行う。昆虫ではヤママユガなどのさなぎでの休眠が知られている。

1 (1) (図1)両生類　(図2)ホ乳類　(図3)鳥類

　(2) (図1)キ　(図2)ウ　(図3)イ

2 (1) 頭部，胸部，腹部(順不同)

　(2) (名称)気門　(はたらき)ウ

　(3) ア，エ，カ

3 (1) (記号)A，C　(名称)変温動物

　(2) 無セキツイ動物

　(3) A

　(4) 節足動物

　(5) H，I

4 (1) セキツイ動物

　(2) (X)肺　(Y)皮膚

　(3) エ，カ

解説

1 (1)両生類は，親になってから肺呼吸を行うので，ろっ骨はあまり発達していない。

(2)ホ乳類と鳥類は恒温動物であるが，両生類は変温動物である。

2 (1)エビなどの甲殻類やクモ類は，頭胸部と腹部に分けられる。

(2)昆虫の呼吸は，腹部の両側にある気門という穴から空気をとり入れ，奥にある気管という管で酸素をからだ全体に送っている。気門は胸部にもある。

3 A〜Eはセキツイ動物，F，Gは節足動物の昆虫類，甲殻類，H，Iは軟体動物，Jは環形動物である。

(3)コウモリ，クジラ，イルカはホ乳類である。

4 (2)カエルは両生類に分類され，幼生(おたまじゃくし)はえらで呼吸をするが，成体は肺と皮膚で呼吸する。おたまじゃくしとカエルのように，からだの形や生活環境が大きく変化することを変態といい，変態前を幼生，変態後を成体という。

(3)コウモリはホ乳類である。

1 (1) ハ虫類　(2) 卵生

　(3) ① ヤモリ　② 乾燥しにくい

2 (1) (X)ウ　(Y)ア　(Z)イ　(2) 胎生

　(3) (記号)a，e　(名称)恒温動物

3 (1) ① ア，エ　② ウ，オ　③ イ，カ

　(2) イ　(3) 外骨格　(4) 外とう膜

1 (1) イモリは両生類である。

(2) 卵から子が生まれるのを卵生，ある程度母親の体内で育ってから子が生まれるのを胎生という。

(3) ハ虫類であるヤモリのほうが乾燥した陸上での生活に適している。

2 a…鳥類，b…ハ虫類，c…魚類，d…両生類，e…ホ乳類，f…無セキツイ動物

(3) まわりの温度が変化しても体温がほとんど変化しない動物を恒温動物，まわりの温度の変化にともなって体温が変化する動物を変温動物という。

3 (1) 軟体動物はタコのようにからだとあしに節がない動物で，イカや貝類などが分類される。節足動物はからだとあしに節があり，からだが殻でおおわれている動物で，甲殻類や昆虫類が分類される。

(3) 外骨格の内側に筋肉がついている。

(4) アサリは外とう膜をおおう貝殻がある。

Step C-① 解答　本冊▶p.76～p.77

1 (1) ア，ウ　(2) (記号) エ　(植物名) タンポポ
(3) どの葉にも十分に日光があたる点。
(4) ② d　③ f　④ c　(5) ②
(6) (図1) ア，オ　(図2) ウ，カ
(7) 離弁花類
(8) (名称) 裸子植物　(記号) イ，ウ，ク

2 (1) (A, B) 接眼レンズ　(C, D, E) 対物レンズ
(2) B，D　(3) E　(4) E

3 (1) (a) ア　(d) オ　(h) ケ
(2) ① f　② i　(3) ① f　② g

解説

1 (1) 観察するものが動かせるかどうかで，ルーペの使い方に違いはあるが，ルーペを目に近づけておくことは共通である。

(4) ② はおしべ，③ はがく，④ は子房である。

(5) 花粉はおしべでつくられる。

(6) ユリやアヤメなどの単子葉類は，離弁花類や合弁花類といった分類はしない。

(8) イヌワラビとスギナは種子をつくらず，胞子でなかまをふやすシダ植物である。トウモロコシ，イネ，カエデは被子植物である。

2 (1) レンズの出っ張りがあるほうが，対物レンズである。倍率が低いと出っ張りがなく，倍率が高くなると出っ張りがある。

(2) 接眼レンズは倍率が高くなるほど，筒の長さが短くなり，対物レンズは倍率が高くなるほど，筒の長さが長くなる。Aの倍率が15倍なので，それぞれのレンズの倍率は，Bが10倍，Cが4倍，Dが10倍，Eが40倍となる。

(3) 対物レンズの倍率が高いほど，レンズの先端とカバーガラスの距離が近くなる。

(4) アにC，イにD，ウにEがとりつけられると考えられる。

3 (1) a…種子植物
b…被子植物
c…菌類・細菌類
d…藻類
e…コケ植物
f…シダ植物
g…双子葉類
h…単子葉類
i…裸子植物

(2) ① シダ植物
② 裸子植物

(3) ① シダ植物
② 双子葉類

Step C-② 解答　本冊▶p.78～p.79

1 (1) (C) ミドリムシ　(E) イカ
(H) タツノオトシゴ　(K) ペンギン
(2) ③ イ　⑤ カ
(3) イ　(4) エ　(5) イモリ　(6) E

2 (1) (A) ⑥　(B) ⑨　(C) ②　(D) ⑪　(E) ④
(2) (a) イ，ウ，カ　(b) ア，オ，キ　(c) ク，ケ
(3) (a) エ　(b) カ　(c) ウ
(4) ⑩

解説

1 (1) A・B…イヌワラビ・サクラ
C…ミドリムシ
D…ゾウリムシ
E…イカ
F・G…エビ・ハチ
H…タツノオトシゴ
I・J…イモリ・ヤモリ
K…ペンギン
L…クジラ

(2) ① …ウ, ② …エ, ③ …イ, ④ …ア, ⑤ …カ, ⑥ …ク, ⑦ …キ, ⑧ …オ

(3) 生物A，Bは，イヌワラビとサクラである。

(4) 生物F，Gは，エビとハチである。

(5) 生物Jはイモリかヤモリになるが，寒天状のものに包まれた卵を水中に産むのは，両生類のイモリである。

(6) 軟体動物であるイカがあてはまる。

2 (2) エの酵母菌は，単細胞生物のなかまの中の，菌類のなかまである。

(4) 生産者とは，自然の中の無機化合物から有機化合物をつくり出す（生産する）はたらきをもっている生物である。このはたらきには，葉緑体の中にある葉緑素（クロロフィル）が欠かせない。

12 火山活動と火成岩

Step A　解答

本冊 ▶ p.80〜p.81

① 火山弾　② 溶岩　③ 火山ガス　④ 水蒸気
⑤ 火山灰　⑥ 軽石　⑦ 火山　⑧ 安山岩
⑨ 石基　⑩ 斑晶　⑪ 深成　⑫ 花こう岩
⑬ 等粒状組織　⑭ 火山岩　⑮ 安山岩　⑯ 玄武岩
⑰ 花こう岩　⑱ セキエイ　⑲ チョウ石　⑳ キ石
㉑ 強い　㉒ 弱い　㉓ 成層火山
㉔ 溶岩ドーム（鐘状火山）　㉕ 溶岩　㉖ 火山ガス
㉗ 軽石　㉘ 火山灰　㉙ マグマ　㉚ マグマ
㉛ 急に　㉜ 石基　㉝ 火山岩　㉞ ゆっくり
㉟ 深成岩　㊱ 鉱物　㊲ セキエイ　㊳ クロウンモ
㊴ 無色　㊵ 安山岩　㊶ 黒っぽい　㊷ 花こう岩
㊸ チョウ石　㊹ 強　㊺ ア　㊻ イ　㊼ 弱　㊽ ウ

解説

③ 火山ガス中の水蒸気は50％以上をしめ，90％以上になることもある。

火山れきは溶岩のかけらで，直径2mm〜64mmの大きさのもの。

火砕流は，噴火によって発生した高温の火山ガス，火山灰，火山弾などが混じって，火山の斜面に沿って急速に流れ下りる現象で，大きな被害が出る。

Step B-①　解答

本冊 ▶ p.82〜p.83

1 (1) ウ　(2) イ
(3) マグマが地表あるいは地表近くで急に冷えて固まる。

2 (1) ウ，オ　(2) 火山噴出物
(3) ガス（気体）が急に抜けたから。
(4) 火山弾（火山れき，火山岩塊）

3 (1) 火成岩　(2) 石基
(3) ゆっくりと冷えて固まったため。
(4) (A) ア　(D) イ

4 (1) マグマ　(2) 等粒状組織　(3) ア　(4) ウ

解説

1 (1) 無色の鉱物（セキエイやチョウ石）を多く含む火山岩は，流紋岩である。

(2) ハワイのキラウエア火山などは，マグマの粘り気が弱く，おだやかな噴火をする。

粘り気が強い火山は，爆発的な噴火をする。

(3) 火山岩は地表，あるいは地表近くで，マグマが急に冷えてできる岩石である。

　　急に冷えるため，成分が大きく成長した結晶にならず石基ができる。

2 (1) 窒素，水素，塩素，一酸化炭素もわずかに含まれるが，おもな成分2つだから，**ウ**と**オ**。

(2) 火山噴出物は，火山の爆発で地表へ噴出される物質で，火山ガス，溶岩，火山砕屑物(火山弾，軽石，火山灰，火山れきなど)に分けられる。

3 (2) 斑晶や石基があるつくりを，斑状組織という。

(3) このようなつくりを等粒状組織という。

(4) 岩石A…玄武岩

　　岩石B…流紋岩

　　岩石C…斑れい岩

　　岩石D…閃緑岩

4 (2) マグマが地下の深いところでゆっくりと冷えて固まることで，このようなつくりになる。

(3) 玄武岩，安山岩，流紋岩は火山岩である。

(4) ㋐ 海岸段丘…海岸付近で，侵食と隆起のくり返しによりできる地形。

　㋑ リアス式海岸…海岸付近の土地が沈降し，谷の部分に海水が流れこむことでできる地形。

　㋒ 扇状地…山地を流れる川が平らな土地に流れ出る所で，川の流れが弱まることにより，運ばれてきた土砂が扇状に堆積してできる地形。

　㋓ 山脈…地層が隆起することでできる地形。

Step B -② 　　解答　　本冊▶p.84〜p.85

1 (1) **イ**　(2) **ア**　(3) **ウ**

2 (1) **イ**

　(2) 斑状組織

　(3) (A) **イ**　(B) **エ**

　(4) **ウ**

3 (1) マグマの粘り気

　(2) 斑状組織

　(3) 地表近くで急に冷やされると同じ成分どうしが集まれないままに固まる。それが石基となる。

4 (1) 水で洗い，濁った水を流す(捨てる)。

　(2) 鉱物

　(3) セキエイ

　(4) ① **ア**　② **イ**　③ **イ**

|解説|

1 (1) サリチル酸フェニルは，結晶のでき方を調べるのによく利用される薬品である。ミョウバンでもよい。

(2) ゆっくり冷えるということは，同じ成分どうしが結びつく時間があるということである。同じ成分どうしが結びつくと大きな結晶ができる。

2 (1) 岩石の表面は，風化しやすい。岩石を割って新鮮な面を出すことによって，その造岩鉱物などを調べることができる。

(2) 石基と斑晶からなる組織を斑状組織という。

(3) A…チョウ石は，無色鉱物で，割れ口(劈開面)が平らである。

　B…カクセン石は，有色鉱物で，長柱状をしている鉱物である。

　C…セキエイである。

(4) 斑状組織を示すのは，火山岩である。火山岩の中でチョウ石を主成分とし，カクセン石をもつのは，安山岩である。

3 (1) マグマの粘り気の違いは，二酸化ケイ素の含有量の多少にある。二酸化ケイ素が多いと粘り気が強く，爆発的な噴火が起こる。少ないと粘り気が弱く，おだやかな噴火が起こる。

(3) マグマが冷えて固まるときには，融点の高い物質から結晶となる。斑晶は，マグマが地表に出る以前に，マグマだまりなど地下深い所で結晶になったものである。そのほかは，地表近くで急に冷えて，成分どうしがじっくり集まることができずに，ガラス質の石基となる。

4 (4) 火山の形は，マグマの粘り気によって決まり，マグマの粘り気は，二酸化ケイ素の量が多いと強い。

　　セキエイは二酸化ケイ素でできていて，**ア**の溶岩ドームはセキエイを多く含み，マグマの粘り気が強いので，噴火のようすは激しくて爆発的となる。北海道の昭和新山，有珠山，長崎県の雲仙普賢岳などがある。

　　イの盾状火山は，有色鉱物を多く含むので黒っぽく，セキエイを含まないので，粘り気の弱いマグマで，おだやかな噴火となる。ハワイのキラウエア，マウナロアなどがある。

13 地震と大地

本冊▶p.86〜p.87

Step A 解答

① P ② S ③ 初期微動 ④ 主要動
⑤ 初期微動継続時間 ⑥ 水平 ⑦ 震央
⑧ 震源 ⑨ 初期微動継続 ⑩ 比例
⑪ 正 ⑫ 逆 ⑬ プレート ⑭ しゅう曲
⑮ ユーラシア ⑯ 太平洋 ⑰ プレート
⑱ プレート ⑲ 海嶺 ⑳ 海溝 ㉑ 断層
㉒ 隆起 ㉓ しゅう曲 ㉔ マグマ ㉕ 震源
㉖ 震央 ㉗ P ㉘ 初期微動 ㉙ 主要動
㉚ 初期微動継続時間 ㉛ 震度 ㉜ 10 ㉝ 震度
㉞ マグニチュード ㉟ 沈降 ㊱ 断層 ㊲ 津波

解説

⑩ 震源距離と初期微動継続時間

- D：震源距離〔km〕
- V_P：P波の速さ〔km/s〕
- V_S：S波の速さ〔km/s〕

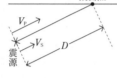

P波，S波が観測点に伝わるまでの時間は $\dfrac{D}{V_P}$，$\dfrac{D}{V_S}$，

初期微動継続時間を T 秒とすると

$$T〔秒〕= \dfrac{D}{V_S} - \dfrac{D}{V_P}$$

〔例〕P波の速さ8km/s，S波の速さ4km/s
初期微動継続時間が10秒の観測点での震源距離は

$$\dfrac{D}{4} - \dfrac{D}{8} = 10〔秒〕 \quad D=80〔km〕である。$$

〈大森公式〉地震学者の大森房吉(1868〜1923年)が導いた式

　　震源距離〔km〕
　　　　＝ 7.5 〜 8.0 ×初期微動継続時間〔秒〕
　　　　7.5 〜 8.0 はデータをもとに統計的に導いた値である。

Step B-① 解答

本冊▶p.88〜p.89

1 (1)イ (2)主要動 (3)初期微動継続時間
2 (1)活断層
　(2)① ウ ② エ ③ イ ④ ア
3 (1)初期微動 (2)イ (3)5時47分41秒
　(4)エ (5)ウ

解説

1 (1)はやい波をP波といい，おそい波をS波という。

(2)はやい波が起こすゆれを初期微動，おそい波が起こすゆれを主要動という。初期微動よりも主要動のほうがゆれは大きい。

(3)初期微動が始まってから主要動が始まるまでの時間を，初期微動継続時間という。

2 (1)活断層のずれによる地震は，内陸型地震といわれる。

(2)海溝型地震では，津波が発生することがあり，震源から離れた地域にも被害が出る可能性がある。

3 (2)記録紙が地面とともに上にゆれるとき，おもりとペンは動かないので，記録紙には反対の下向きのゆれが記録される。

(3)表よりP波の速さは，$50km÷8s=6.25km/s$ となり，観測地点Bの20秒後にP波が到達しているので，観測地点Xの震源からの距離は $50km+6.25km/s×20s=175km$ となる。P波とS波の到達時刻に，50kmで6秒の差が生じるので，175kmでは 6 秒 $×\dfrac{175}{50}=21$ 秒の差になる。よって，観測地点XにおけるS波の到達時刻は，5時47分41秒となる。
　観測地点Xは観測地点Bから125km離れているので，S波の速さからS波が125km進むのにかかる時間を求めても算出することができる。

(4)マグニチュードが1大きくなると，エネルギーは約32倍大きくなる。マグニチュードが2大きくなるとエネルギーは約1000倍，3大きくなるとエネルギーは約32000倍になる。

(5)気象庁より目安が公表されている。

Step B-② 解答

本冊▶p.90〜p.91

1 (1)(X)オ (Y)イ (2)ウ (3)エ
　(4)マグマの粘り気が強く，激しい，爆発的な噴火を起こす。

2 イ

3 (1)10 (2)5km/s (3)30km
　(4)(記号)ア
　　(理由)C地点では，P波は発生から30秒で到着していることと，初期微動継続時間が20秒で，Bの12秒の長さと比べて約2倍に近いから。

4 (1)初期微動継続時間 (2)主要動 (3)5km/s
　(4)14時19分37秒 (5)467km

解説

1 (2) プレートの動きは，GPS（全地球測位システム）によって，年間数 cm とはかられている。

(3) 海洋のプレートの沈みこみによって，大陸のプレートの先端部が少しずつ引きこまれていき，ひずみが生じてくる。そのひずみが限界に達すると，海洋のプレートと大陸のプレートの境界の岩石に破壊が起こり，大陸プレートの先端部が隆起することによって大地震が発生する。

時間の経過とともに，沈降→隆起（大地震）→再び沈降しているようすを表してあるのは**エ**である。

(4) 北海道の有珠山や昭和新山，長崎県の雲仙普賢岳などは白っぽい山体の鐘状火山で噴火は激しい。火山名とともに覚えておくこと。

2 A地点の初期微動継続時間は 6 秒，B地点では 9 秒，初期微動継続時間は震源までの距離に比例することから，

$$80\,\text{km} \times \frac{9\,\text{s}}{6\,\text{s}} = 120\,\text{km}$$ になる。

3 (1) 0～7 の 8 階級と，5，6 にそれぞれ強・弱の 2 階級があるので，10 段階。

(2) B，C地点の記録から

$$\frac{(150 - 90)\ \text{km}}{(15 - 3)\,\text{s}} = 5\,\text{km/s}$$

(3) 地震発生時刻が 10 時 31 分 45 秒で，学校へは 10 時 31 分 51 秒に P 波が到着しているので，10 時 31 分 51 秒 － 10 時 31 分 45 秒＝ 6 秒かかっている。

$$5\,\text{km/s} \times 6\,\text{s} = 30\,\text{km}$$

4 (3) 震源を出た P 波が，280 km 進むのに要する時間は，280 km÷8 km/s＝35 s，S 波は P 波の 21 秒後に到着するので S 波の速さは，

$$\frac{280\,\text{km}}{(35 + 21)\,\text{s}} = 5\,\text{km/s}$$

(4) P 波が 35 秒かかって到着しているので，14 時 20 分 12 秒から 35 秒前の，14 時 20 分 12 秒 － 35 秒＝ 14 時 19 分 37 秒になる。

(5) 初期微動継続時間が 21 秒で震源からの距離が 280 km なので，初期微動継続時間が 35 秒の地点の震源からの距離は，

$$280\,\text{km} \times \frac{35\,\text{s}}{21\,\text{s}} = 466.6\cdots \rightarrow 467\,\text{km}$$

Step C-① 解答

1 (1) (A) ウ (B) イ (2) 斑晶 (3) ① ア ② ウ

2 (1) (A) 太平洋プレート

(B) フィリピン海プレート

(2) 日本海溝 (3) ② (4) イ (5) ウ

3 (1) 地震によるゆれの大きさ

(2) 初期微動継続時間がどの地点も同じ

4 (1) ① 斑状 ② 斑晶

(2) (A) Z (B) X (C) Y

(3) ① マグマ ② 泥岩 ③ チャート

解説

1 (1) カンラン石は緑褐色で，不規則に割れる鉱物である。

(3) マグマの粘り気が弱いと全体的に黒っぽい火成岩になり，マグマの粘り気が強いと全体的に白っぽい火成岩になる。玄武岩は火山岩で，斑れい岩は深成岩だが，岩石 X は斑状組織をもつことから火山岩である。

2 (2) プレートの沈みこみによってできる水深 6000 m 以上の溝をもつものを海溝という。水深が 6000 m よりも浅い地形は，舟状海盆またはトラフという。

(5) アとイは内陸型地震である。

3 (1) 震度はその地点でのゆれの大きさなので，観測地点によって大きさが変わる。震度 0 から震度 7 までの 10 段階（震度 5 と震度 6 は弱と強がある）に分かれている。

(2) 小さなゆれと大きなゆれの伝わる速さが同じで，小さなゆれのあとに大きなゆれが生じたとすると，2 つのゆれの発生時刻の差がそのまま各地点での初期微動継続時間となる。

実際は，小さなゆれと大きなゆれは同時に発生し，小さなゆれのほうが大きなゆれよりもはやく伝わる。

4 (2) Aは丸みのある粒からできているので堆積岩。Bは大きく結晶化した鉱物からなるので，等粒状組織の深成岩である。

Xは地下深い所だからB，Yは地表付近だからC，Zは海底だからAがあてはまる。

(3) 岩石が地表に出ると，大気，雨水，太陽熱などによって，表面からもろく，くずれやすくなってくる。これが風化である。風化されると侵食を受けやすく

なる。

　チャートはホウサンチュウ，ケイソウなどの生物の遺がいや海水中の二酸化ケイ素の堆積によってでき，非常にかたい岩石である。

　サンゴやフズリナの遺がいが堆積してできた石灰岩は，主成分が炭酸カルシウムなので，塩酸をかけると二酸化炭素の気体を発生する。

　チャートは，塩酸をかけても二酸化炭素は発生しない。

Step C-② 解答　本冊▶p.94〜p.95

1 (1) ア，ウ　(2) ウ

2 (1) D

(2) (右図)

2 (2)

初期微動を観測した時刻 / 初期微動継続時間〔秒〕

(3) 8時48分42秒

(4) (P波) 6km/s

　　(S波) 4km/s

(5) 7.5mm

(6) 135cm

(7) ① 35　② 高

3 (1) 粘り気の強さの違い　(2) エ　(3) ア

(4) 斑状組織

(5) マグマがゆっくりと冷えて固まったから。

解説

1 (1) イ…Aを斑晶といい，Bは石基という。

　　エ…ゆっくりと冷やされると，大きい鉱物になる。

　　オ…Aはマグマの上昇の途中などでゆっくりと冷やされてでき，Bはマグマが地表に噴出したときなどに急に冷やされてできる。

(2) 表の鉱物は，割合が大きいほうから順に，チョウ石，セキエイ，カクセン石，クロウンモ，キ石と考えられる。また，等粒状組織をもつので，深成岩である。

2 (1) 初期微動のP波がいちばんはやく到着したD地点となる。

(2) 初期微動継続時間は，A地点34秒，B地点28秒，C地点12秒，D地点8秒，E地点18秒である。

(3) 震源では，P波とS波が同時に出発しているので初期微動継続時間は0秒である。(2)のグラフの縦軸との交点の時刻が，地震発生時刻になる。

(4) A地点にP波，S波が到着するのにかかる時間は，

P波：49分50秒－48分42秒＝68秒

S波：50分24秒－48分42秒＝102秒

P波の速さ＝$\dfrac{408\,\text{km}}{68\,\text{s}}$＝6km/s

S波の速さ＝$\dfrac{408\,\text{km}}{102\,\text{s}}$＝4km/s

(5) 縦軸1目盛りは5cm，1990年までの40年間で30cmの沈降だから，年平均は，300mm÷40年＝7.5mm

(6) 1996年まで，7.5mm×46年＝345mm沈む。

地震時にグラフより，1950年を基準に1000mm上昇しているから，全体として，

1000mm－（－345mm）＝1345mm＝134.5cmの上昇になる。

(7) 2000〜2020年の20年間で，2000年より10cm下がっている。2060年では60年間で30cm沈降する。1950年と比べると，65cm－30cm＝35cm高くなる。

　このように，海洋プレートの沈みこみ，これによって起こる大陸プレートのひずみ・反発によって，大規模な土地の沈降，隆起が起こり，地震も発生している。

3 (1) Aはマグマの粘り気が弱く，Cはマグマの粘り気が強い。

14 地層と過去のようす

Step A 解答　本冊▶p.96〜p.97

① 風化　② 侵食　③ 運搬　④ 堆積　⑤ れき

⑥ 砂　⑦ 泥　⑧ 地層　⑨ カニ　⑩ サンゴ

⑪ サンヨウチュウ　⑫ フズリナ

⑬ アンモナイト　⑭ サメ(の歯)　⑮ 泥岩

⑯ 砂岩　⑰ れき岩　⑱ 石灰岩　⑲ 凝灰岩

⑳ 湖　㉑ 火山　㉒ 泥　㉓ 冷た　㉔ 侵食

㉕ 新し　㉖ 深　㉗ 露頭　㉘ 柱状図　㉙ 堆積岩

㉚ 丸み　㉛ 凝灰岩　㉜ 石灰岩　㉝ チャート

㉞ 二酸化炭素　㉟ 示相化石　㊱ サンゴ

㊲ 示準化石

解説

②〜④ 侵食・運搬・堆積を流水の三作用という。

⑤〜⑦ 海や湖に流れこんだ土砂は，重いものからはやく沈むことより，岸から沖に向かって，れき→砂→泥の順に堆積することになる。

㉘ 日本のような地殻変動の激しい地帯では，地層が逆転していることがある。巣穴などは地層の上下を決める重要な手がかりを与えてくれる。

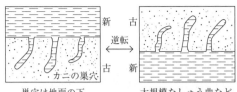

巣穴は地面の下
にある。

大規模なしゅう曲などで地層の逆転がおこる。

㉖ 上の地層ほど新しい→「地層累重の法則」

㉘ 離れた地点の地層を比較・特定する手がかりとなる地層を「かぎ層」という。
- ●広い範囲にわたる火山灰層
- ●特定の化石を含む地層

などが，かぎ層として地層の広がりなどを調べるのに役だっている。

㊲ 示準化石を具体例で覚えておこう。

地質年代	示準化石
新　生　代 6600万年前	ナウマンゾウの歯　ビカリア(巻貝) メタセコイア
中　生　代 2億5100万年前	キョウリュウ　モノチス(皿貝) アンモナイト　始祖鳥
古　生　代 5億4200万年前	ハチノスサンゴ フズリナ　ウミユリ(キョク皮動物) サンヨウチュウ リンボク(シダ植物)

Step B-① 解答　本冊▶p.98〜p.99

1 (1)風化　(2)(はたらき)侵食　(記号)ア
(3)(状態)しゅう曲　(記号)ウ
(4)あたたかくて浅い海だったと考えられる。
(5)①ア　②エ

2 (1)(A)ア　(B)ウ　(2)ア　(3)二酸化炭素

3 (1)エ　(2)イ　(3)火山活動(噴火)
(4)(X)R，Q，P，S　(Y)南東

解説

1 (2)川の上流は侵食や運搬のはたらきが強く，下流では堆積のはたらきが強い。
(3)プレート運動による地層をおし縮める力により，地層が曲がることをしゅう曲という。
(4)主な示相化石と，その生物が生きていた当時の環境を覚えておく。
(5)粒の大きさが大きい順に，れき，砂，泥となる。粒が小さいほど遠くまで運ばれるので，河口から近いほど粒の大きいものが堆積し，河口から遠いほど粒

の小さいものが堆積する。

2 (1)主な堆積岩の名称とその特徴を覚えておく。
(2)フズリナは古生代に栄えて絶滅した示準化石である。

3 (1)粒の大きさが2mm以上のものをれき岩，$\frac{1}{16}$mm〜2mmのものを砂岩，$\frac{1}{16}$mm以下のものを泥岩という。
(2)ビカリアは新生代を示す示準化石である。アンモナイトは中生代，サンヨウチュウは古生代，フズリナは古生代を示す示準化石である。
(3)凝灰岩は火山灰からできている。
(4)(X)A〜D地点の柱状図には凝灰岩が共通して含まれているので，これを基準にして考えればよい。柱状図では，下の層ほど堆積した年代が古い。
(Y)等高線と柱状図をもとに，凝灰岩の層の下面がある高さを考える。A，B地点は標高から柱状図の高さ分を加え，C，D地点は標高から柱状図の深さ分を引いて求められる。
A地点…60m＋5m＝65m
B地点…55m＋10m＝65m
C地点…60m－5m＝55m
D地点…75m－20m＝55m

🛡 ここに注意　整合と不整合

整合…地層が水平に堆積し，地層面を境に平行，連続して積み重なる地層間の関係をいう。
不整合…ある地層の上に，次の地層が堆積するまでの間に大きな堆積の断絶，あるいは侵食が行われた場合，この二層間の関係をいう。(不連続な堆積)

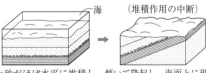

土砂がほぼ水平に堆積して，地層ができる。

傾いて隆起し，海面上に現れ，流水により侵食される。

基底れき岩(不整合面より下の地層がけずられてできたれき)
不整合面

沈降して，前の地層の上に新しい土砂が堆積する。

再び地層が隆起する。

1 (1) 堆積岩　(2) 石灰岩は（二酸化炭素の）気体が
　　発生するがチャートは発生しない。　(3) イ
　　(4) 粒が小さいものほど（海岸線から）遠くまで
　　運ばれる。

2 (1)（状態）しゅう曲
　　（でき方）地層の両側から（長期間にわたり）
　　　　おす力がはたらいてできた。
　　(2) だんだん深くなっていったが，いったん浅
　　くなり再び深くなっていった。
　　(3) ア　(4)① 温度（気温）　② 雨　③ 風化
　　(5)① ア　② エ

3 (1) 二酸化炭素　(2) エ　(3) 5.5 m　(4) ア

解説

1 (2) 石灰岩は，炭酸カルシウムが主成分なので，塩
酸で二酸化炭素が発生する。
　　チャートは，二酸化ケイ素が主成分なので，塩酸
では二酸化炭素は発生しない。火打ち石として利用
されていたが，現在では耐火レンガやガラスの原料
になっている。
(3) 柱状図は標高でかかれているので，図そのままで判
断すると，南北方向での砂岩層の標高は同じなので
傾きはない。
　　東西方向では，砂岩の下端に目をつけると左（西）
側に標高は低くなっている。

2 (5) ア…アンモナイト（中生代）
　　　イ…フズリナ（古生代）
　　　ウ…サンヨウチュウ（古生代）
　　　エ…ビカリア（新生代）
　アンモナイトが発見された地層より下の地層で，
新生代の化石のビカリアが発見されることはない。

⚠ ここに注意

地層が堆積した当時の環境を
知る示相化石として，「サンゴ」がよく出題されて
いるが，次の化石も大切である。

化石の種類	堆積当時の自然環境
サンゴ	あたたかい浅い海だった。
ホタテガイ	冷たい海だった。
カキ	潮間帯の浅い海だった。
アサリ ハマグリ	浅い海だった。
シジミ	淡水か淡水と海水が混じる河口（汽水域）だった。
ブナの葉	温帯でやや寒冷であった。（木の葉は流れの静かな沼や湖で化石として残る。）
鳥のあしあと	水辺でやわらかい砂や泥が堆積していた。

3 (2) 粒が小さい泥のほうが，遠くまで運ばれる。れ
き，砂，泥の順に地層が重なっているので，その過
程で河口から離れた深い沖合になっていったと考え
られる。

15 自然の恵みと火山災害・地震災害

① プレート　② ユーラシア　③ 北アメリカ
④ フィリピン海　⑤ 関東　⑥ 兵庫県南部
⑦ 東北地方太平洋沖　⑧ 地　⑨ 白神　⑩ 風
⑪ 地　⑫ 風　⑬ 地　⑭ 風　⑮ 地　⑯ 地　⑰ 風
⑱ 屋久島　⑲ 温泉　⑳ プレート　㉑ 地震
㉒ 火災　㉓ 津波　㉔ 火山灰　㉕ 温泉　㉖ 地熱
㉗ 災害　㉘ 地震　㉙ 最小限　㉚ 予知
㉛ ハザードマップ　㉜ P　㉝ S　㉞ 速さ

解説

① 地球の表面は厚さ 100 km ほどの岩盤におおわれて
おり，これをプレートという。プレートは移動して
おり，その移動速度は，GPS（全地球測位システム）
によると，1 年に数 cm という結果が得られている。
⑧・⑩～⑰ マグマの熱を利用したものが地熱発電なの
で，火山地域に分布する。風力発電は，1 年を通し
て一定の風が吹くことが理想である。これらの発電
所は設置場所が限定される。

1 (1) 0.6 倍

(2) (右図)

(3) ① 速さ
　　② 近い

2 (1) ハザード
　　マップ

(2) ① 離れた
　　② 高台

(3) 液状化現象

1 (2) 緊急地震速報を受信してからS波が到着するまでの時間〔秒〕　震源からの距離〔km〕

3 (1) いえる。

(2) (日本列島は)プレートの境目に位置していること。

(3) 津波　(4) (A) オ　(B) エ

(5) 火砕流(による災害)，火山灰(による災害)

(6) (名称)地熱発電　(利用)マグマの熱。(6字)

(7) 温泉

4 (1) イ，オ　(2) (震度) 4 (以上)

解説

1 (1) P波の速さは，地点Aと地点Cの震源からの距離の差が 60 km，P波の到着時刻の差が 12 秒であることから，$\dfrac{60\,\text{km}}{12\,\text{s}}=5\,\text{km/s}$ となる。

また，P波は 60 km 進むのに 12 秒かかるので，地点CのP波の到着時刻から 12 秒前の 9 時 45 分 22 秒が地震の発生時刻となる。

このことから，S波は 40 秒で 120 km 進むので，速さは $\dfrac{120\,\text{km}}{40\,\text{s}}=3\,\text{km/s}$ となる。

S波の速さをP波の速さで割ると，$\dfrac{3\,\text{km/s}}{5\,\text{km/s}}=0.6$ となる。

(2) P波の速さは 5 km/s なので，震源から 30 km の地点にP波が到着するのは，地震発生から 6 秒後である。また，P波によるゆれを観測してから緊急地震速報が受信されるまでに 4 秒かかるので，緊急地震速報が受信されるのは，地震発生から 10 秒後になる。

S波の速さは 3 km/s なので，10 秒で 30 km 進み，震源からの距離が 30 km の地点では緊急地震速報の受信時刻とS波の到着時刻が同じになる。30 km よりも遠い地点では，$\dfrac{震源からの距離〔\text{km}〕-30\,\text{km}}{\text{S}波の速さ〔\text{km/s}〕}$ が，緊急地震速報を受信してからS波が到着するまでの時間となる。30 km よりも近い地点ではS波

の到着のほうがはやくなる。

2 (1) ハザードマップの作成には，その地域の土地のなりたち，地形・地盤の特徴，過去の災害履歴，避難場所・避難経路などの防災地理情報が必要になる。

(2) 津波には遠くへ逃げる水平避難ではなく，高い所へ逃げる垂直避難が有効だとされている。

(3) もともと，川，沼，池があった場所などで起こりやすいとされている。

3 (4) 火山噴火予知のために，火山性地震，山体の変化などの観測が行われている火山(名まえをつけてある火山)である。

十勝岳　有珠山　北海道駒ヶ岳　雌阿寒岳　樽前山　吾妻山　磐梯山　草津白根山　安達太良山　那須岳　浅間山　伊豆大島　雲仙岳　御嶽山　三宅島　九重山　阿蘇山　伊豆東部火山群　霧島山　桜島

(5) 溶岩流(による災害)でもよい。

4 (2) 緊急地震速報は，最大震度 5 弱以上のゆれが予測されるときに，震度 4 以上のゆれが予想される地域に出される。緊急地震速報は，気象庁により 2007 年 10 月から運用が開始された。

1 (1) (理由)ある限られた時代にだけ，生存していたから。

　　(名称)示準化石

(2) 火山活動(噴火)　(3) ① 泥　② れき　③ ア

(4) エ

2 (1) (状態)しゅう曲　(重なり方)不整合

(2) f_3

(3) (記号) B

　　(理由)A層とB層は不整合から見てB層が古く，B層とCは f_2 の断層から見てB層が古い。

(4) あたたかく，浅い海。

3 (1) 侵食(作用)　(2) 隆起

(3) ウ，ア，イ，エ

(5) ア　(6) しゅう曲

解説

■1 (2) 凝灰岩は火山灰からできた堆積岩である。

(3) 柱状図の下が古い地層で，上が新しい地層である。
それぞれ，標高から凝灰岩がある地層の上面の深さを引くことで求められる。
$x = 40\,\text{m} - 5\,\text{m} = 35\,\text{m}$
$y = 35\,\text{m} - 5\,\text{m} = 30\,\text{m}$
$z = 45\,\text{m} - 20\,\text{m} = 25\,\text{m}$

■2 (2)(3) 起こった順に，B層の堆積→断層 f_1 （不整合）の形成→A層の堆積→断層 f_2 の形成→C岩の形成→断層 f_3 の形成

■3 (1) もとの陸地が，海の波でけずられてできたAのがけを海食崖という。
侵食されたものがBの堆積物として積もって，平らな海底が形成されていく。

(2) 大地震が起こったときに土地の沈降や隆起が生じる。

(3) 地層ができた順序を見てみると，
D層が水平に堆積した→しゅう曲→断層 a−b →F層（マグマの侵入）→E層（マグマの貫入）→D層が隆起（海面上に出る）→侵食を受ける→沈降→C層が堆積する→隆起（現在）
X−Yの面を不整合面といい，土地が隆起し侵食を受けた証拠となる。この面の部分には，侵食を受けてできたれきが堆積しているのが特徴である。

(5)(6) 正断層・逆断層で力のはたらき方に注意。

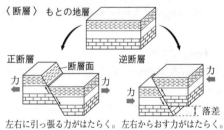

〈断層〉 もとの地層

正断層　　　　　逆断層
力　断層面　　　　　　力
力　　　　　　　　　　　力
落差
左右に引っ張る力がはたらく。　左右からおす力がはたらく。

〈しゅう曲〉
もとの地層
力　　　　　力
両側からおす力がはたらく。

総合実力テスト

解答

本冊▶p.108〜p.112

■1 (1) ① (右図)　② 60°
(2) ① イ　② エ　③ オ
　④ キ

[右図] ■1 (1)①
円の中に方位目盛り 90°, 180°, 0°, 270°, 中心P

■2 (1) 硫酸銅　(2) 29 %
(3) 26.5 g　(4) 再結晶

■3 (1) (A) イ　(B) オ
　(C) キ　(D) エ　(E) カ
(2) (記号) エ　(名称) 上方置換(法)

■4 (1) $d = 6t$
(2) （P波）6 km/s　（S波）3 km/s
(3) 14 時 28 分 55 秒　(4) ① ×　② ×　③ ○
　④ ×　⑤ ○

■5 (1) ① ウ　② ア　③ ウ　(2) ① オ　② エとオ
　③ イとウ
(3) ① (a) E　(b) B　(c) A　(d) F
　② イ，ウ，オ

■6 (1) 10 cm　(2) 6 cm

■7 (1) 液体が急に沸騰し，外に飛び出すのを防ぐため。
(2) イ　(3) A, D, E

■8 (1) ウ　(2) エ　(3) ウ

■9 (1) (C) イ　(D) ア　(地層⑥) オ　(2) ア
(3) マグマの噴出前に結晶化した。　(4) イ
(5) $(x - x')$ 不整合面　$(y - y')$ 断層面
(6) 2 回

解説

■1 (1) 入射角＝反射角になり，角 P は 120° なので，入射角＝反射角＝60°

(2) マグマに二酸化ケイ素を多く含む鉱物（セキエイなど）の割合が多いと，マグマの粘り気が強くなり「激しい噴火，大量の火山灰を出し，ドーム状に盛り上がり（溶岩ドーム），色は白っぽい」火山になる。

■2 (2) 60℃ で溶解度 40 だから，100 g の水に 40 g 溶ける。
$$濃度〔\%〕 = \frac{40}{100 + 40} \times 100 = 28.5\cdots \rightarrow 29〔\%〕$$

(3) 50℃，100 g の水に 85 g 溶けるので，50 g の水では 85 ÷ 2 = 42.5〔g〕，また，20℃ では 50 g の水に，32 ÷ 2 = 16〔g〕溶けるから，結晶として，42.5 − 16 = 26.5〔g〕が出てくる。

(4) 硝酸カリウムやミョウバンなどは，温度による溶解

度の変化が大きいので，飽和水溶液をつくり，温度を下げることによって，純度の高い結晶をとり出せる。

　しかし，溶解度変化のほとんどない食塩などは，この方法では結晶を得ることができないので，水溶液から水分を蒸発させる方法で行う。

3　(1) 塩素の水溶液はリトマス紙などの色素を漂白する。

　また，塩化水素とアンモニアがふれ合うと塩化アンモニウムの白煙を生じる。

　塩化水素の水溶液を塩酸といい，強い酸性を示す。

4　(1) 初期微動継続時間 t〔秒〕と震源からの距離 d〔km〕とは比例しているので

$$d = kt$$

の関係式がなりたつ。ここで k は比例定数である。

　図より震源から 120 km の距離にある地点の観測記録では t が 20 秒なので，上式に $d=120$〔km〕，$t=20$〔秒〕を代入して，

$$120 = k \times 20 \quad k = 6$$

(2) P波は初期微動を起こす波，S波は主要動を起こす波である。図より，P波は 30 km 進むのに 5 秒かかっている。よって，P波の速さは，

$$\frac{30\,\mathrm{km}}{5\,\mathrm{s}} = 6\,\mathrm{km/s}$$

図より，S波は 30 km 進むのに 10 秒かかっている。よって，S波の速さは，

$$\frac{30\,\mathrm{km}}{10\,\mathrm{s}} = 3\,\mathrm{km/s}$$

(3) P波は 30 km 進むのに 5 秒かかる。30 km の地点で 14 時 29 分 00 秒に P波が到達しているので，その 5 秒前が地震が発生した時刻である。

(4)①②③ 地震の発生場所は，火山活動，海溝と密接な関連がある。

　④ 震源からの距離が等しくても，土地の性質や地下のつくりなどの違いによって，震度は異なる。

・(1)の別解

(2)で P波・S波の速さを求めてから，d km 地点では，初期微動継続時間は t 秒，P波の速さは 6 km/s，S波の速さは 3 km/s で，S波とP波の到着時間の差が初期微動継続時間なので，

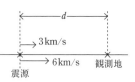

$$\frac{d}{3} - \frac{d}{6} = t \quad d = 6t$$

が求められる。

5　(1)① 凸レンズによってついたて上に像を結んで

いるので，フィルムの位置は凸レンズから焦点距離以上に離れていることになる。すなわち，倒立実像である。

②凸レンズが半分おおわれても像はすべてうつるが，レンズを通過する光の量は半分になるため，像は暗くなる。

③焦点距離の 2 倍の位置にある像は，凸レンズを中心に，実物と点対称の位置にできる。

(2)① 弦の振動で高い音が出るのは，「細い・短い・張りが強い」ときである。

②太さ（弦の直径）以外は同じ条件のもので比べる。

③弦の張る強さ（おもりの質量）以外は同じ条件のもので比べる。

> **🚹 ここに注意**　　モノコードの音の高さ
>
> モノコードの弦をはじくとき，次の関係がある。
>
> ●弦を強く張る ──→ ┐
> ●弦を短くする ──→ ├ 弦の振動の速さがはやくなる ⇨ 振動数が多い ⇩ 高い音
> ●弦を細くする ──→ ┘

(3)① A は 6 種類に共通している。葉緑体をもち，光合成を行って自分自身で栄養分をつくることができるグループである。

　B は根・茎・葉の区別があり，根から水・養分が吸収できるグループである。

　C は根・茎・葉の区別がなく，からだの表面全体から水・養分を吸収するグループである。

　D は種子でなかまをふやすグループである。

　E は胞子でなかまをふやすグループである。

　F は子房（果実）と胚珠（種子）をもつ被子植物のグループで，マツは子房をもたないので，種子だけをつくる裸子植物である。

　さらに，被子植物は，双子葉類のアブラナ，単子葉類のイネに分類される。

② 具体的な生物名は日ごろから覚えるようにしておくこと。光合成をして，胞子でなかまをふやす植物のゼンマイと同じなかまは，ワラビ・スギナ（ツクシ）のシダ植物である。

　スギゴケは，雌株・雄株に分かれているコケ植物である。ほかに，ゼニゴケ・ミズゴケなどがある。

　コンブと同じなかまは，ワカメのほかにテングサ，ヒジキなどの藻類である。

6　(1) ばね A には，100 g のおもり 2 つ分の重さがか

かる。

100gで5cmの伸びより，5cm×2＝10cm

(2) ばねAが15cm伸びているので，おもりの質量は，

100g×(15cm÷5cm)＝300g

ばねBは，100gで2cm伸びるので，

2cm×3＝6cm伸びている。

7 (2) 混合物の加熱曲線は，純粋な物質のように，ある温度(沸点)で水平になることはない。

(3) 30℃で液体であるものは，融点が30℃以下で，沸点が30℃以上である物質。

8 (1) レンズは鏡筒内にほこりが入らないようにするために，まず接眼レンズからとりつける。

(2) 拡大すると視野が狭くなり，光の量が減少する。

9 (1) 岩石Cは等粒状組織の深成岩で，セキエイ・チョウ石・クロウンモを含んだ岩石。

岩石Dは，斑状組織の火山岩で，カクセン石・キ石・チョウ石を含んだ岩石。

地層⑥をつくっている岩石は，サンゴの化石，二酸化炭素の発生から石灰岩である。

(3) 火山岩の斑晶は，マグマが噴出する前のマグマだまりの中で結晶になり，成長したものである。

(4) アサリは海岸近くの浅い海に生息する。

(5) $y－y'$は，両側からおされてできたずれである。

(6) 地層Bと岩石Cが1回隆起し，侵食され，その後沈降し，その上にAの地層が堆積し，$x－x'$の不整合面ができた。その後再び隆起し，現在地上でそれらの地層，岩石を観察している。

---

❶ ここに注意 火山の形と造岩鉱物の関係は，下の図のようにひとまとめにしたものを，自分でかけることが大切である。

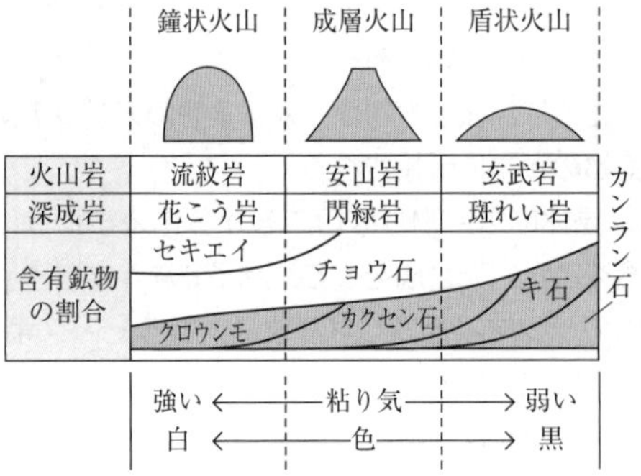

	鐘状火山	成層火山	盾状火山	
火山岩	流紋岩	安山岩	玄武岩	カンラン石
深成岩	花こう岩	閃緑岩	斑れい岩	
含有鉱物の割合	セキエイ／チョウ石／クロウンモ	カクセン石	キ石	

強い ←――― 粘り気 ―――→ 弱い
白 ←――― 色 ―――→ 黒